AutoCAD 2016室内设计
经典课堂

王晓婷　田帅　编著

清华大学出版社
北京

内 容 简 介

本书以AutoCAD 2016为写作平台，以"理论+应用"为创作导向，用简洁的形式、通俗的语言对AutoCAD软件的应用，以及一系列典型的实例进行了全面讲解。

全书共12章，分别对AutoCAD绘图知识、室内常用图形的绘制，以及室内施工图的绘制等内容进行了深入讲解，达到授人以渔的目的。其中，主要知识点涵盖了室内设计入门知识、AutoCAD 2016软件概述、辅助绘图知识、二维图形的绘制和编辑、图块的应用、文本与表格的应用、尺寸标注的应用以及图形的输出与打印等内容。

本书结构清晰，思路明确，内容丰富，语言简练，解说详略得当，既有鲜明的基础性，也有很强的实用性。

本书既可作为大中专院校及高等院校相关专业学生的学习用书，又可作为室内设计从业人员的参考用书。同时，也可以作为社会各类AutoCAD培训班的首选教材。

图书在版编目(CIP)数据

AutoCAD 2016室内设计经典课堂 / 王晓婷，田帅编著. —北京：清华大学出版社，2018（2021.2重印）

ISBN 978-7-302-49465-2

Ⅰ.①A… Ⅱ.①王… ②田… Ⅲ.①室内装饰设计—计算机辅助设计—AutoCAD软件—教材 Ⅳ.①TU238.2-39

中国版本图书馆CIP数据核字（2018）第020917号

责任编辑：陈冬梅
封面设计：杨玉兰
责任校对：王明明
责任印制：沈 露

出版发行：清华大学出版社
  网 址：http://www.tup.com.cn，http://www.wqbook.com
  地 址：北京清华大学学研大厦A座   **邮 编：**100084
  社 总 机：010-62770175   **邮 购：**010-62786544
  投稿与读者服务：010-62776969，c-service@tup.tsinghua.edu.cn
  质量反馈：010-62772015，zhiliang@tup.tsinghua.edu.cn

印 装 者：三河市金元印装有限公司
经 销：全国新华书店
开 本：200mm×260mm   **印 张：**16.5   **字 数：**390千字
版 次：2018年4月第1版   **印 次：**2021年2月第4次印刷
定 价：49.00元

产品编号：077156-01

为什么要学习 AutoCAD

设计图是设计师的语言，作为一名优秀的设计师，除了有丰富的设计经验外，还必须掌握几门绘图技术。早期设计师们都采用手工制图，由于设计图纸是随着设计方案的变化而变化的特点，使得设计师们需反复地修改图纸，这个工作量可想而知是多么繁重。随着时代的进步，计算机绘图取代了手工绘图，从而被普遍应用到各个专业领域，其中 AutoCAD 软件应用最为广泛。从建筑到机械；从水利到市政；从服装到电气；从室内设计到园林景观，可以说凡是涉及机械制造或建筑施工行业，都能见到 AutoCAD 软件的身影。目前，AutoCAD 软件已成为各专业设计师必备技能之一，所以想成为一名出色的设计师，学习 AutoCAD 是必经之路。

AutoCAD 软件介绍

Autodesk 公司自 1982 年推出 AutoCAD 软件以来，先后经历了十多次的版本升级，目前主流版本为 AutoCAD 2016。新版本的界面根据用户需求做了更多的优化，旨在使用户更快完成常规 CAD 任务、更轻松地找到更多常用命令。从功能上看，除了保留空间管理、图层管理、图形管理、选项板的使用、块的使用、外部参照文件的使用等优点外，还增加很多更为人性化的设计，例如新增捕捉几何中心、调整尺寸标注宽度、增加了智能标注功能以及云线功能。

系列图书内容设置

本系列图书以 AutoCAD 2016 为写作平台，以"理论知识＋实际应用＋案例展示"为创作思路，向读者全面阐述了 AutoCAD 在设计领域中的强大功能。在讲解过程中，结合各领域的实际应用，对相关的行业知识进行了深度剖析，以辅助读者完成各种类型的设计工作。正所谓要"授人以渔"，读者不仅可以掌握这款绘图设计软件，还能利用它独立完成作品的创作。本系列图书包含以下图书作品：
⇒《AutoCAD 2016 中文版经典课堂》
⇒《AutoCAD 2016 室内设计经典课堂》
⇒《AutoCAD 2016 家具设计经典课堂》
⇒《AutoCAD 2016 园林景观经典课堂》
⇒《AutoCAD 2016 建筑设计经典课堂》
⇒《AutoCAD 2016 电气设计经典课堂》
⇒《AutoCAD 2016 机械设计经典课堂》

配套资源获取方式

目前市场上很多计算机图书中配带的 DVD 光盘，总是容易破损或无法正常读取。鉴于此，需要

获取本书配套实例、教学视频的读者朋友可以发送邮件到：619831182@QQ.com 或添加微信公众号 DSSF007 回复"经典课堂"，制作者会在第一时间将其发至您的邮箱。

适用读者群体

本系列图书主要面向广大的大中专院校及高等院校相关设计专业的学生；室内、建筑、园林景观、机械以及电气设计的从业人员；除此之外，还可以作为社会各类 AutoCAD 培训班的学习教材，同时也是 AutoCAD 自学者的良师益友。

作者团队

本系列图书由高校教师、工作一线的设计人员以及富有多年出版经验的老师共同编著。本书由王晓婷、田帅编写，刘鹏、王晓婷、汪仁斌、郝建华、李雪、徐慧玲、崔雅博、彭超、伏银恋、任海香、李瑞峰、杨继光、周杰、刘松云、吴蓓蕾、王赞赞、李霞丽、张静、张晨晨、张素花、赵盼盼、许亚平、刘佳玲、王浩、王博文等均参与了具体章节的编写工作，在此对他们的付出表示真诚的感谢。

致 谢

为了令本系列图书尽可能满足读者的需要，许多人付出了辛勤的劳动。在此，向参与本书出版工作的"ACAA 教育集团"和"Autodesk 中国教育管理中心"的领导及老师、出版社的策划编辑等人员，致以诚挚谢意。同时感谢清华大学出版社的所有编审人员为本系列图书的出版所付出的辛勤劳动。本系列图书在编写过程中力求严谨细致，但由于时间和精力有限，书中仍难免出现疏漏和不妥之处，希望各位读者朋友们多多包涵，并批评指正，万分感谢！

读者朋友在阅读本系列图书时，如遇与本书有关的技术问题，则可以通过微信号 dssf2016 进行咨询，或者在获取资源的公众平台中留言，我们将在第一时间与您互动解答。

编 者

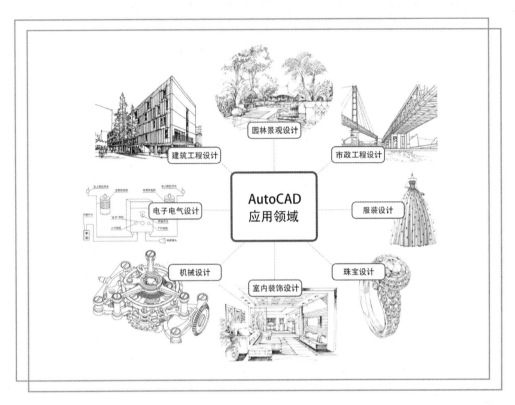

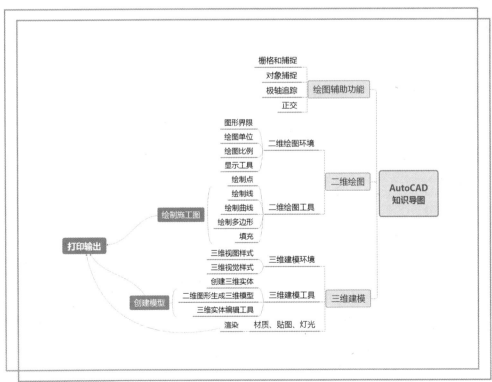

室内装饰施工图是用于表达建筑物室内装饰美化要求的施工图样。它是以透视效果图为主要依据，采用正投影等投影法反映建筑的装饰结构、装饰造型、饰面处理，以及反映家具、陈设、绿化等布置内容。

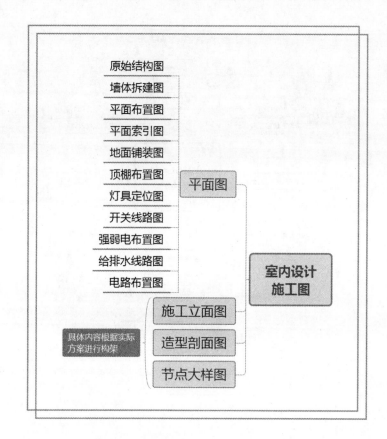

目 录

第 8 章 输出、打印与发布图形

第 9 章 室内常用图例的绘制

第 10 章 绘制居室装潢施工图

第 11 章 绘制茶叶店装潢施工图

第 12 章 绘制 KTV 装潢施工图

附录 A 室内施工工艺

第1章

AutoCAD 室内设计轻松入门

AutoCAD 是一款优秀的辅助绘图软件，为了满足用户的需求，其版本一直在不断地更新和升级。本章将向读者介绍新版本 AutoCAD 2016 的一些新增功能、图形基本操作及绘图环境的设置等知识。通过对本章内容的学习，读者可以掌握基础绘图知识和应用技巧。

知识要点

▲ 室内设计基础知识
▲ 图形文件的操作管理

▲ 绘图环境的设置
▲ 图形选择方式

1.1 室内设计理论基础

室内设计是根据建筑物的使用性质、所处环境以及相应标准，结合物质技术手段和建筑设计原理，从而创造出功能合理、舒适优美、可满足人们物质和精神生活需要的室内环境。

1.1.1 室内设计分类

室内设计是指为满足一定的建造目的而对现有的建筑物内部空间进行深加工的增值准备工作，泛指能够实际在室内建立的任何相关物件，包括墙、窗户、窗帘、门、表面处理、材质、灯光、空调、水电、环境控制系统、家具以及装饰品的规划。室内设计是从建筑设计中的装饰部分演变出来的，是对建筑物内部环境的再创造。

室内设计可以分为居住建筑空间设计和公共建筑空间设计两大类别。

1. 居住建筑空间设计

主要涉及住宅、公寓和宿舍的室内设计，具体包括玄关、客厅、餐厅、书房、卧室、厨房、卫生间以及阳台的设计。

2. 公共建筑空间设计

（1）文教建筑空间设计。主要涉及幼儿园、学校、图书馆、科研楼的室内设计，具体包括门厅、过厅、中庭、教室、活动室、阅览室、实验室、机房等室内设计。

（2）医疗建筑空间设计。主要涉及医院、社区诊所、疗养院等场所，具体包括门诊室、检查室、手术室和病房的室内设计。

（3）办公建筑室内设计。主要涉及行政办公楼和商业办公楼内部的办公室、会议室以及报告厅的室内设计。

（4）商业建筑室内设计。主要涉及商场、便利店、餐饮等场所，具体包括营业厅、专卖店、酒吧、茶室、餐厅的室内设计。

（5）展览建筑室内设计。主要涉及各种美术馆、展览馆和博物馆，具体包括展厅和展廊的室内设计。

（6）娱乐建筑室内设计。主要涉及各种舞厅、歌厅、KTV、游艺厅的室内设计。

（7）体育建筑室内设计。主要涉及各种类型的体育馆、游泳馆的室内设计，具体包括用于不同体育项目的比赛和训练及配套的辅助用房的设计。

（8）交通建筑室内设计。主要涉及公路、铁路、水路、民航的车站、候机楼、码头建筑，具体包括候机厅、候车室、候船厅、售票厅等的室内设计。

1.1.2　室内设计要素和基本原则

随着社会的进步和发展，人们对室内环境的要求也在不断更新。室内设计的任务就是综合运用技术手段，考虑周围环境因素的作用，充分利用有利条件，积极发挥创作思维，创造一个既符合生产和生活物质功能要求，又符合人们生理、心理要求的室内环境。

1．室内装饰设计要素

（1）空间要素。空间的合理化并给人们以美的感受是设计的基本任务。要勇于探索时代、技术赋予空间的新形象，不要拘泥于过去形成的空间形象。

（2）色彩要求。室内色彩除了对视觉环境产生影响外，还直接影响人们的情绪、心理。科学的用色有利于工作，有助于健康。色彩处理得当既能符合功能要求又能取得美的效果。

（3）光影要求。人类喜爱大自然的美景，常常把阳光直接引入室内，以消除室内的黑暗感和封闭感，特别是顶光和柔和的散射光，使室内空间更加亲切自然。

（4）装饰要素。充分利用室内空间中建筑构件不同装饰材料的质地特征，可以获得千变万化和不同风格的室内艺术效果，同时还能体现地区的历史文化特征。

（5）陈设要素。室内家具、地毯、窗帘等，均为生活必需品，其造型往往具有陈设特征，大多数起着装饰作用。实用和装饰二者应互相协调，功能和形式统一而有变化，使室内空间舒适得体，富有个性。

（6）绿化要素。室内设计中绿化已成为改善室内环境的重要手段。室内移花栽木，利用绿化和小品以沟通室内外环境、扩大室内空间感及美化空间。

2．室内装饰设计的基本原则

（1）功能性原则。在室内空间中，不同的区域空间的作用是不用的，当然使用的功能也就不一样。设计者要深入理解各个空间的使用，尽力满足这些空间的功能使用。

（2）安全性原则。无论起居、交往、工作、学习等，都需要在室内空间中进行，所以在室内空间设计时，要考虑它的安全性。

（3）可行性原则。室内空间设计都要有它的可行性。不能为了艺术效果，把一个室内空间搞成一个艺术展览，丢失了可行性。

（4）经济性原则。在室内空间设计时，还要考虑业主的消费能力，只有设计方案在业主的消费能力之内，那该设计才能真正的实现，否则它只是一张纸而已。设计中的每个物品都有它的实用性。

1.2 初识 AutoCAD 2016

好的设计理念只有通过规范的制图才能实现其理想的效果。下面将向读者介绍一些工程制图的基本知识以及软件的使用。

1.2.1 AutoCAD 的基本功能

AutoCAD 自 1982 年问世以来，已经经历了十余次升级，每一次升级，在功能上都得到了增强，且日趋完善。AutoCAD 所具有的强大的辅助绘图功能，使其成为设计领域中应用最为广泛的计算机辅助绘图与设计软件之一。

1．绘制与编辑图形

AutoCAD 的"绘图"菜单中包含有丰富的绘图命令，使用它们可以绘制直线、构造线、多段线、圆、矩形、多边形、椭圆等基本图形，也可以将绘制的图形转换为面域，对其进行填充。如果再借助"修改"菜单中的修改命令，便可以绘制出各种各样的二维图形，如图 1-1 所示。

对于一些二维图形，通过拉伸、设置标高和厚度等操作就可以轻松地转换为三维图形。使用"绘图"→"建模"命令中的子命令，用户可以很方便地绘制圆柱体、球体、长方体等基本实体以及三维网格、旋转网格等曲面模型。同样再结合"修改"菜单中的相关命令，还可以绘制出各种复杂的三维图形，如图 1-2 所示。

图 1-1　绘制二维图形

图 1-2　绘制三维图形

2．标注图形尺寸

尺寸标注是向图形中添加测量注释的过程，是整个绘图过程中不可缺少的一步。AutoCAD 的"标注"菜单中包含了一套完整的尺寸标注和编辑命令，使用这些命令可以在图形的各个方向上创建各种类型的标注，也可以方便、快速地以一定格式创建符合行业或项目标准的标注。

标注显示了对象的测量值，对象之间的距离、角度，或者特征与指定原点的距离。在 AutoCAD 中提供了线性、半径和角度 3 种基本的标注类型，可以进行水平、垂直、对齐、旋转、坐标、基线或连续等标注。此外，还可以进行引线标注、公差标注，以及自定义粗糙度标注。标注的对象可以是二维图形或三维图形，如图 1-3、图 1-4 所示。

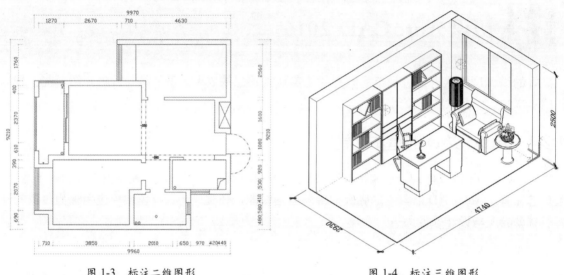

图 1-3　标注二维图形　　　　　　　　图 1-4　标注三维图形

3．渲染三维模型

在 AutoCAD 中，可以运用雾化、光源和材质，将模型渲染为具有真实感的图像。如果是为了演示，可以渲染全部对象；如果时间有限，或显示设备和图形设备不能提供足够的灰度等级和颜色，就不必精细渲染；如果只需快速查看设计的整体效果，则可以简单消隐或设置视觉样式。

4．输出与打印图形

AutoCAD 不仅允许将所绘图形以不同样式通过绘图仪或打印机输出，还能够将不同格式的图形导入或将 AutoCAD 图形以其他格式输出。因此，当图形绘制完成之后可以使用多种方法将其输出。例如，可以将图形打印在图纸上，或创建成文件以供其他应用程序使用。

1.2.2　AutoCAD 2016 的工作界面

启动 AutoCAD 2016 应用程序后，将会进入 AutoCAD 默认的"草图与注释"工作空间的界面，该界面主要由"菜单浏览器"按钮、标题栏、菜单栏、功能区、文件选项卡、绘图区、命令行以及状态栏等部分组成，如图 1-5 所示。

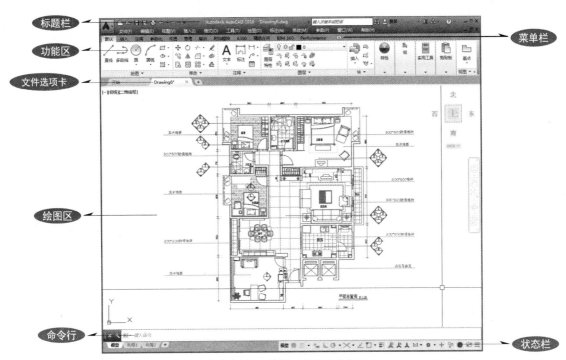

图 1-5　AutoCAD 2016 工作界面

1."菜单浏览器"按钮

"菜单浏览器"按钮是由新建、打开、保存、另存为、输出、发布、打印、图形实用工具、关闭组成。其主要为了方便用户使用，节省时间。

"菜单浏览器"按钮位于工作界面的左上方，单击该按钮，弹出 AutoCAD 菜单，功能便一览无余。选择相应的命令，便会执行相应的操作。

2. 标题栏

标题栏位于工作界面的最上方，它由快速访问工具栏、当前图形标题、搜索栏、Autodesk Online 服务以及窗口控制按钮组成。按 Alt+ 空格键或者右击鼠标，将弹出窗口控制菜单，从中可以执行窗口的还原、移动、大小、最小化、最大化、关闭等操作。也可以通过右上角的按钮最大化、最小化、关闭文件。

3. 菜单栏

菜单栏包括文件、编辑、视图、插入、格式、工具、绘图、标注、修改、参数、窗口、帮助等 12 个主菜单，如图 1-6 所示。

默认情况下，在"草图与注释""三维基础""三维建模"工作空间是不显示菜单栏的，若要显示菜单栏，可以在快速访问工具栏单击下拉按钮，在弹出的下拉菜单中选择"显示菜单栏"命令，则可以显示菜单栏。

图 1-6　菜单栏

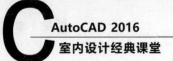

知识拓展

AutoCAD 为用户提供了"菜单浏览器"按钮，所有的菜单命令可以通过"菜单浏览器"按钮执行，因此默认设置下，菜单栏是隐藏的，当变量 MENUBAR 的值为 1 时，显示菜单栏；为 0 时，隐藏菜单栏。

4. 功能区

在 AutoCAD 中，功能区在菜单栏的下方，其包含功能区选项板和功能区按钮。功能区按钮主要是代替命令的简便工具，利用功能区按钮既可以完成绘图中的大量操作，还省略了烦琐的工具步骤，从而提高效率，如图 1-7 所示。

图 1-7　功能区

5. 文件选项卡

文件选项卡位于功能区下方，用于标识图形文件的名称，默认名称为 Drawing1、Drawing2 等，该选项卡有利于用户寻找需要的文件，如图 1-8 所示。

图 1-8　文件选项卡

6. 绘图区

绘图区位于用户界面的正中央，即被工具栏和命令行所包围的整个区域，此区域是用户的工作区域，图形的设计与修改工作就是在此区域内进行操作的。默认状态下绘图区是一个无限大的电子屏幕，无论尺寸多大或多小的图形，都可以在绘图区中绘制和灵活显示。

绘图区包含坐标系、十字光标和导航盘等，一个图形文件对应一个绘图区，所有的绘图结果都将反映在这个区域。用户可根据需要利用"缩放"命令来控制图形的大小显示，也可以关闭周围的各个工具栏，以增加绘图空间，或者是在全屏模式下显示绘图区。

7. 命令行

命令行是通过键盘输入的命令显示 AutoCAD 的信息。用户在菜单栏和功能区执行的命令同样也会在命令行显示，如图 1-9 所示。一般情况下，命令行位于绘图区的下方，用户可以使用鼠标拖动命令行，使其呈浮动状态，也可以随意更改命令行的大小。

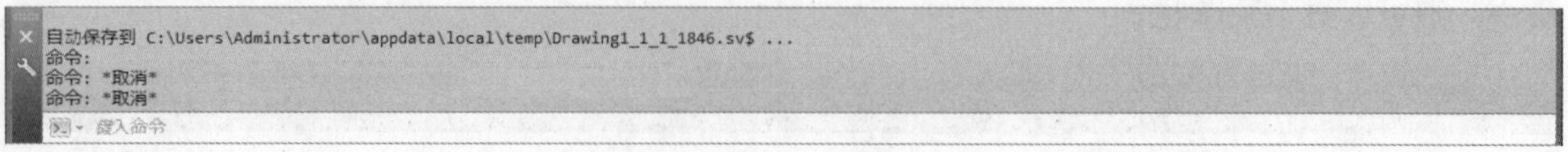

图 1-9　命令行

知识拓展

命令行也可以以文本窗口的形式显示命令。文本窗口是记录 AutoCAD 历史命令的窗口，按 F2 键可以打开，该窗口中显示的信息与命令行显示的信息完全一致，便于快速访问和复制完整的历史记录。

8. 状态栏

状态栏用于显示当前的状态。在状态栏的最左侧有"模型"和"布局"两个绘图模式，单击鼠标左键可以进行模式的切换。状态栏主要用于显示光标的坐标轴、控制绘图的辅助功能按钮、控制图形状态的功能按钮等，如图 1-10 所示。

图 1-10　状态栏

1.3　管理图形文件

图形文件的基本操作是绘制图形过程中必须掌握的知识要点。图形文件的操作包括创建新图形文件、打开文件、保存文件、关闭文件等。

1.3.1　新建文件

在创建一个新的图形文件时，用户可以利用已有的样板创建，也可以创建一个无样板的图形文件，无论哪种方式，操作方法基本相同。

新建图形文件的常用方法有以下几种：

● 单击"菜单浏览器"按钮，执行"新建"→"图形"命令。

● 执行"文件"→"新建"菜单命令，或按 Ctrl+N 组合键。

● 单击快速访问工具栏中的"新建"按钮 。

● 在文件选项卡右侧单击"新图形"按钮 。

● 在命令行输入 NEW 命令并按回车键。

执行以上任意一种方法后，系统将打开"选择样板"对话框，从文件列表中选择需要的样板，单击"打开"按钮即可创建新的图形文件，如图 1-11 所示。

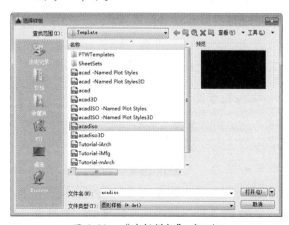

图 1-11　"选择样板"对话框

1.3.2 打开文件

打开图形文件的常用方法有以下几种：

● 单击"菜单浏览器"按钮，在弹出的列表中执行"打开"→"图形"命令。

● 执行"文件"→"打开"菜单命令，或按 Ctrl+O 组合键。

● 在命令行输入 OPEN 命令并按回车键。

● 双击 AutoCAD 图形文件。

打开"选择文件"对话框，在其中选择需要打开的文件，在对话框右侧的"预览"区中就可以预先查看所选择的图像，然后单击"打开"按钮，即可打开图形，如图 1-12 所示。

图 1-12 "选择文件"对话框

1.3.3 保存文件

绘制或编辑完图形后，要对文件进行保存操作，避免因失误导致没有保存文件。用户可以直接保存文件，也可以进行另存为操作。

1. 保存新建文件

用户可以通过以下方法进行保存文件：

● 单击"菜单浏览器"按钮，在弹出的菜单中执行"保存"→"图形"命令。

● 执行"文件"→"保存"菜单命令，或按 Ctrl+S 组合键。

● 单击快速访问工具栏中的"保存"按钮 。

● 在命令行输入 SAVE 命令并按回车键。

执行以上任意一种操作后，将打开"图形另存为"对话框，如图 1-13 所示。命名图形文件后单击"保存"按钮即可保存文件。

图 1-13 "图形另存为"对话框

2. 另存为文件

如果用户需要重新命名文件名称或者更改路径的话，就需要另存为文件。通过以下方法可以执行另存为文件操作：

● 单击"菜单浏览器"按钮，在弹出的列表中执行"另存为"→"图形"命令。

● 执行"文件"→"另存为"菜单命令。

● 单击快速访问工具栏中的"另存为"按钮 。

知识拓展

为了便于在 AutoCAD 早期版本中打开 AutoCAD 2016 的图形文件，在保存图形文件时，可以保存为较早的格式类型。在"图形另存为"对话框中，单击"文件类型"下拉按钮，在打开的下拉列表中包括 14 种类型的保存方式，选择其中一种较早的文件类型后在"图形另存为"对话框中单击"保存"按钮即可。

1.4 设置绘图环境

绘制图形时用户可以根据自己的喜好设置绘图环境，比如更改绘图区的背景颜色、设置绘图界线、设置绘图单位与比例等。

1.4.1 更改绘图界线

绘图界线是指在绘图区中设定的有效区域。在实际绘图过程中，如果没有设定绘图界线，那么 CAD 系统对作图范围将不作限制，会在打印和输出过程中增加难度。用户可以通过以下方法更改绘图界线：

- 执行"格式"→"图形界线"菜单命令。
- 在命令行输入 LIMITS 命令并按回车键。

1.4.2 设置绘图单位

在绘图之前，首先应对绘图单位进行设定，以保证图形的准确性。其中，绘图单位包括长度单位、角度单位、缩放单位、光源单位以及方向控制等。

在菜单栏中执行"格式"→"单位"命令，或在命令行输入 UNITS 并按回车键，即可打开"图形单位"对话框，从中便可对绘图单位进行设置，如图 1-14 所示。

1. "长度"选项组

在"类型"下拉列表中可以设置长度单位，在"精度"下拉列表中可以对长度单位的精度进行设置。

2. "角度"选项组

在"类型"下拉列表中可以设置角度单位，在"精度"下拉列表中可以对角度单位的精度进行设置。勾选"顺时针"复选框后，图像以顺时针方向旋转，若不勾选，图像则以逆时针方向旋转。

3. "插入时的缩放单位"选项组

缩放单位是缩放插入内容的单位，默认情况下是"毫米"，一般不做改变。用户也可以在下拉列表中设置缩放单位。

4. "光源"选项组

光源单位是指光源强度的单位，其中包括国际、美国、常规选项。

5. "方向"按钮

单击"方向"按钮打开"方向控制"对话框，如图 1-15 所示。默认基准角度是东，用户也可以设置基准角度的起始位置。

图 1-14　"图形单位"对话框　　图 1-15　"方向控制"对话框

1.4.3　设置显示工具

设置显示工具也是设计中一个非常重要的因素，用户可以通过"选项"对话框更改自动捕捉标记的大小、靶框的大小、拾取框的大小、十字光标的大小等。

1. 更改自动捕捉标记大小

打开"选项"对话框，单击"绘图"选项卡，在"自动捕捉标记大小"选项组中，按住鼠标左键拖动滑块到满意位置，单击"确定"按钮即可，如图 1-16 所示。

2. 更改外部参照显示

外部参照显示是用来控制所有 DWG 外部参照的淡入度。在"选项"对话框中打开"显示"选项卡，在"淡入度控制"选项组中输入淡入度数值，或直接拖动滑块即可修改外部参照的淡入度，如图 1-17 所示。

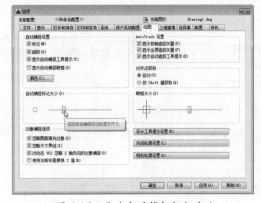

图 1-16　更改自动捕捉标记大小　　　　图 1-17　设置淡入度

3. 更改靶框的大小

靶框也就是在绘制图形时十字光标的中心位置。在"绘图"选项卡"靶心大小"选项组中拖动滑块可以设置大小，靶框大小会随着滑块的拖动而变动，在左侧可以预览效果。设置完成后，单击"确定"按钮完成操作。如图 1-18、图 1-19 所示为靶心大小的设置。

图 1-18　设置较小靶框

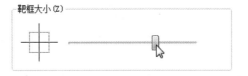

图 1-19　设置较大靶框

4. 更改拾取框的大小

十字光标在未绘制图形时的中心位置为拾取框，设置拾取框的大小以便于快速拾取物体。在"选项"对话框的"选择集"选项卡中可以设置拾取框大小。在"拾取框大小"选项组中拖动滑块，直到满意的位置后单击"确定"按钮。

5. 更改十字光标的大小

十字光标的有效值的范围是 1% ～ 100%，它的尺寸可延伸到屏幕的边缘，当数值在 100% 时可以辅助绘图。用户可以在"显示"选项卡的"十字光标大小"选项组中，输入数值进行设置，还可以拖动滑块设置十字光标的大小。如图 1-20、图 1-21 所示为十字光标的大小对比效果。

图 1-20　设置较小十字光标

图 1-21　设置较大十字光标

🔊 实战——室内图形绘图比例的设置

绘图比例指的是出图比例，其设置关键在于依据当前图纸的单位来指定合适的比例。下面通过一个案例讲解设置绘图比例的操作过程。

Step 01 单击 AutoCAD 状态栏右侧的"注释比例"下拉按钮，在弹出的列表中选择"自定义"选项，如图 1-22 所示。

Step 02 系统会打开"编辑图形比例"对话框，单击"添加"按钮，如图 1-23 所示。

图 1-22 选择"自定义"选项

图 1-23 "编辑图形比例"对话框

Step 03 打开"添加比例"对话框,输入比例名称和比例特性数值,如图 1-24 所示。

Step 04 单击"确定"按钮,返回"编辑图形比例"对话框,从中可以看到添加过的比例,单击"确定"按钮,即可完成绘图比例的设置,如图 1-25 所示。

Step 05 设置完成后,再单击"注释比例"下拉按钮,可以看到在列表中增加了新创建的比例,选择添加过的绘图比例即可,如图 1-26 所示。

图 1-24 设置比例名称和比例特性

图 1-25 预览添加的比例

图 1-26 比例列表

实战——更改动态提示的显示

在 AutoCAD 的显示设置中,除了靶框、拾取框、十字光标的大小等,还可以设置动态提示的颜色,下面介绍操作方法。

Step 01 启动 AutoCAD 应用程序,随意执行一个绘图命令,观察动态提示框的颜色显示,如图 1-27 所示。

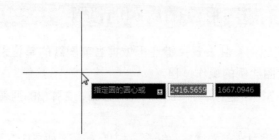

指定圆的圆心或 2416.5659 1667.0946

图 1-27 观察动态提示框

Step 02 取消该命令，在命令行中输入 op 命令，
打开"选项"对话框，在"显示"选项卡中单击"颜
色"按钮，如图 1-28 所示。

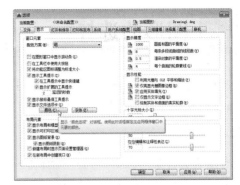

图 1-28 单击"颜色"按钮

Step 03 打开"图形窗口颜色"对话框，在"界面元素"列表中选择"设计工具提示轮廓"选项，再在
右侧的"颜色"列表中选择"红"色，如图 1-29 所示。

Step 04 选择后可以在预览区中看到提示框的轮廓颜色变作红色，再在"界面元素"列表中选择"设计
工具提示背景"选项，在"颜色"列表中选择"青"色，如图 1-30 所示。

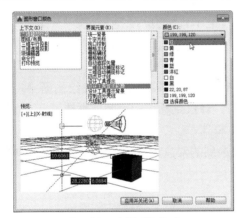

图 1-29 选择"红"色

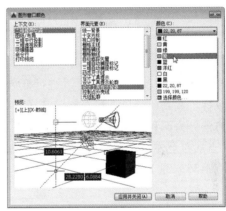

图 1-30 选择"青"色

Step 05 选择后可以在预览区中看到提示框的背景颜色变作青色，单击"应用并关闭"按钮，如图 1-31
所示。

Step 06 在绘图区中任意执行一个绘图命令，观察动态提示框的显示颜色，如图 1-32 所示。

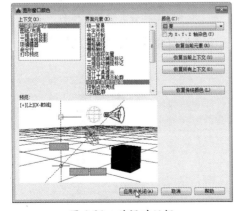

图 1-31 关闭对话框

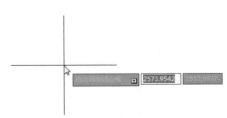

图 1-32 动态提示框显示效果

1.5 图形的选择

选择对象是整个绘图工作的基础。在进行图形的编辑操作时，就需先选中要编辑的图形。在 AutoCAD 软件中，选取图形有多种方法，如逐个选取、框选、快速选取等。

1. 逐个选取

当需要选择某对象时，用户在绘图区中直接单击该对象，当图形四周出现夹点形状时，即被选中，当然也可进行多选，如图 1-33、图 1-34 所示。

图 1-33　选择一个图形对象

图 1-34　选择多个图形对象

2. 框选

除了逐个选择的方法外，还可以进行框选。框选的方法较为简单，在绘图区中，按住鼠标左键拖动鼠标，直到所选择图形对象已在虚线框内，释放鼠标，即可完成框选。

框选方法分为两种：从右至左框选和从左至右框选。

（1）当从右至左框选时，在图形中所有被框选到的对象以及与框选边界相交的对象都会被选中，如图 1-35、图 1-36 所示。

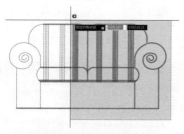

图 1-35　选择一个图形对象

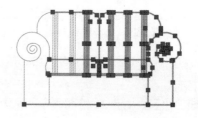

图 1-36　选择多个图形对象

（2）当从左至右框选时，所框选图形全部被选中，但与框选边界相交的图形对象不被选中，如图 1-37、图 1-38 所示。

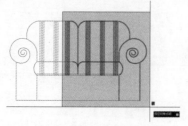

图 1-37　选择一个图形对象

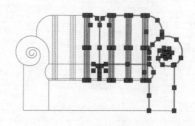

图 1-38　选择多个图形对象

3. 围选

使用围选的方式来选择图形，灵活性较大，该方式可通过不规则图形围选选择所需图形。围选的方式可分为 2 种，分别为圈选和圈交。

（1）圈选。

圈选是一种多边形窗口选择方法，其操作与框选的方式相似。用户在要选择图形的任意位置指定一点，其后在命令行中输入 WP 命令再按回车键，并在绘图区中指定其他拾取点，通过不同的拾取点构成任意多边形，而在该多边形内的图形将被选中，选择完成后，按回车键即可，如图 1-39、图 1-40 所示。

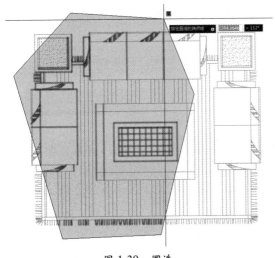
图 1-39　圈选

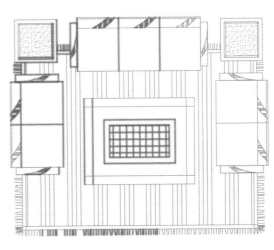
图 1-40　圈选效果

（2）圈交。

圈交与圈选相似。它是绘制一个不规则的封闭多边形作为交叉窗口来选择图形对象的。其完全包围在多边形中的图形与多边形相交的图形将被选中。用户只需在命令行中，输入 CP 命令后按回车键，即可进行选取操作，如图 1-41、图 1-42 所示。

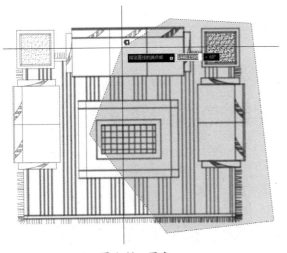
图 1-41　圈交

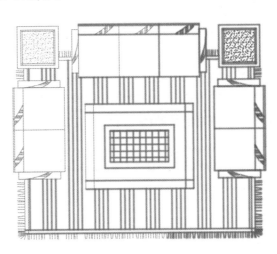
图 1-42　圈交效果

4. 快速选取

快速选取图形可使用户快速选择具有特定属性的图形对象，如相同的颜色、线型、线宽等。方法是根据图形的图层、颜色等特性创建选择集。

用户可在绘图区空白处单击鼠标右键，在打开的快捷菜单中选择"快速选择"命令，打开相应对话框进行快速选择的设置。

📖 绘图技巧

用户在选择图形过程中，可随时按 Esc 键终止目标图形对象的选择操作，并放弃已选中的目标。如果没有进行任何编辑操作时按 Ctrl+A 组合键，则可选择绘图区中的全部图形。

1.6 快速绘图技巧

在 AutoCAD 中，无论是输入快捷键命令、尺寸数字还是其他字母，在输入完成后都需要按回车键或者空格键确认，否则所输入的内容无效。

绘图过程中按 Esc 键，随时可以终止当前操作；绘图结束后，再按空格键或者回车键，可重复执行上一个命令，不管上一个命令是执行完毕还是已取消。

知识拓展

按 Ctrl+Z 组合键可撤销上一步操作，连续按 Ctrl+Z 组合键可连续撤销多步操作，按 Ctrl+Y 组合键可恢复被撤销的内容。

✍ 综合演练 更改工作界面颜色

视频路径：视频\CH01\更改工作界面颜色.avi

首次打开 AutoCAD 2016 软件的时候，软件界面显示为暗色，绘图区背景显示为深黑色。读者若是想更换其颜色，可以通过以下方法进行设置。

Step 01 启动 AutoCAD 2016 应用程序，观察工作界面，如图 1-43 所示。

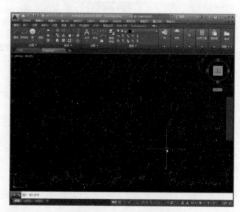

图 1-43　初始工作界面

Step 02 单击"菜单浏览器"按钮,在打开的菜单中单击"选项"按钮,打开"选项"对话框,切换到"显示"选项卡,单击"配色方案"下拉按钮,选择"明"选项,如图 1-44 所示。

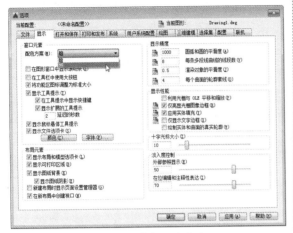

图 1-44 选择配色方案

Step 03 单击"颜色"按钮,如图 1-45 所示。

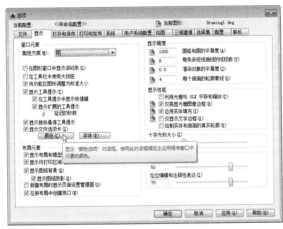

图 1-45 单击"颜色"按钮

Step 04 打开"图形窗口颜色"对话框,从中设置统一背景的颜色,在"颜色"列表中选择"白"色,如图 1-46 所示。

Step 05 选择颜色后在预览区可以看到预览效果,如图 1-47 所示。

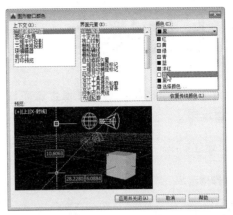

图 1-46 选择颜色

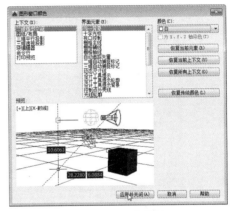

图 1-47 预览效果

Step 06 单击"应用并关闭"按钮,返回"选项"对话框后再单击"确定"按钮,即可更改工作界面及绘图区的颜色,如图 1-48 所示为更改后的效果。

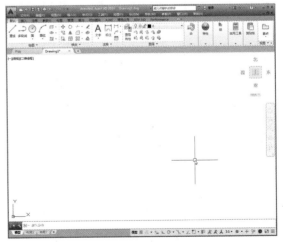

图 1-48 更改效果

上机操作

　　为了让读者能够更好地掌握本章所学习到的知识，在此列举几个针对本章的拓展案例，以供读者练手。

1．创建坐标系

⚠ **操作提示：**

Step 01 执行"工具"→"新建 UCS"→"原点"菜单命令，如图 1-49 所示。

Step 02 在状态栏打开"对象捕捉"后，捕捉线段端点，作为坐标系的原点，如图 1-50 所示。

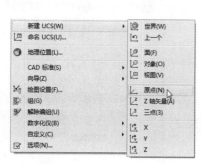

图 1-49　选择"原点"命令

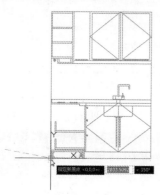

图 1-50　新建 UCS 坐标系

2．自定义右键功能

⚠ **操作提示：**

Step 01 打开"选项"对话框，切换至"用户系统配置"选项卡，并单击"自定义右键单击"按钮，如图 1-51 所示。

Step 02 打开"自定义右键单击"对话框，从中进行相应的设置，如图 1-52 所示。

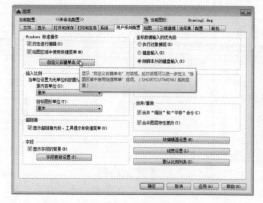

图 1-51　单击"自定义右键单击"按钮

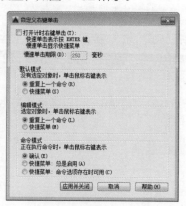

图 1-52　设置右键功能

第2章

AutoCAD 辅助绘图知识

在实际绘图过程中，由于每个用户的绘图习惯不同，因此 AutoCAD 软件允许用户对辅助功能进行设置，以提高工作效率。本章将介绍视图的显示控制、夹点的使用、辅助功能的应用、图层的应用以及查询功能的使用，读者通过本章可以详细了解各功能的操作及设置。

知识要点

▲ 视图的显示控制　　　　　　▲ 图层的设置与管理

▲ 夹点的使用　　　　　　　　▲ 查询功能的使用

▲ 认识辅助功能

2.1 视图的显示控制

为了方便绘图，用户可以适当更改图形的显示。图形的显示控制包括缩放图形、平移图形等。

2.1.1 缩放视图

在绘制图形局部细节时，通常会选择放大视图的显示，绘制完成后再利用缩放工具缩小视图，观察图形的整体效果。缩放图形可以增加或减少图形的屏幕显示尺寸，但对象的实际尺寸保持不变。通过改变显示区域改变图形对象的大小，可以更准确、更清晰地进行绘制操作。用户可以通过以下方式缩放视图：

- 执行"视图"→"缩放"→"放大"/"缩小"命令。
- 执行"工具"→"工具栏"→AutoCAD→"缩放"命令，在弹出的工具栏中选择"放大"和"缩小"按钮。
- 在命令行输入 ZOOM 并按回车键。

绘图技巧

轻轻滚动鼠标的滚轮（中键）也可以实现图形的缩放。

2.1.2　平移视图

当图形的位置不便于用户观察和绘制时，可以平移视图，将图形放到合适的位置。使用平移图形命令可以重新定位图形，方便查看。平移视图操作不改变图形的比例和大小，只改变位置。用户可以通过以下方式平移视图：

- 执行"视图"→"平移"→"左"命令（也可以上、下和右方向）。
- 执行"工具"→"工具栏"→AutoCAD→"平移"命令。
- 在命令行输入 PAN 命令并按回车键。
- 按住鼠标滚轮进行拖动。

2.2　设置与编辑夹点

在没有进行任何编辑命令时，选中图形，就会显示出夹点；而将光标移动至夹点上时，被选中的夹点会以红色显示。

2.2.1　夹点的设置

在 AutoCAD 中，用户可根据需要对夹点的大小、颜色等参数进行设置。用户只需打开"选项"对话框，切换至"选择集"选项卡，通过"夹点尺寸"选项设置夹点的大小，如图 2-1 所示；单击"夹点颜色"按钮，打开"夹点颜色"对话框，从中可设置夹点的颜色，如图 2-2 所示。

图 2-1　"选择集"选项卡

图 2-2　设置夹点颜色

在设置夹点大小时，夹点不必设置过大，因为过大的夹点，在选择图形时会妨碍操作，从而降低了绘图速度。通常在作图时，夹点参数保持默认大小即可。

2.2.2　利用夹点编辑图形

选择某图形对象后，用户可利用其夹点，对该图形进行拉伸、旋转、缩放、移动等一系列操作。下面将分别进行介绍。

1. 拉伸

当选择某图形对象后，单击其中任意一夹点，即可对其图形进行拉伸。

2. 旋转

旋转是将所选择的夹点作为旋转基准点，进行旋转操作。将鼠标指针移动到图形旋转夹点上，当该夹点为红色状态时，单击鼠标右键，选择"旋转"选项，其后输入旋转角度即可完成旋转操作。

3. 缩放

选中所需缩放的图形，将鼠标指针移动到夹点上，当该夹点为红色状态时，右击鼠标，选择"缩放"选项，并在命令行中输入缩放值，按回车键即可。

4. 移动

移动的方法与以上操作相似。将鼠标指针移动到所需图形的夹点上，当其为红色状态时，右击鼠标，选择"移动"选项，并在命令行中输入移动距离或捕捉新位置即可。

实战——利用夹点调整图形

这里利用夹点对图形进行缩放操作，具体步骤介绍如下。

Step 01〉打开素材图形，如图 2-3 所示。

Step 02〉选择一个圆，将鼠标指针移动到其中一个夹点上，夹点会变成红色，如图 2-4 所示。

Step 03〉单击鼠标右键，在弹出的快捷菜单中选择"缩放"选项，如图 2-5 所示。

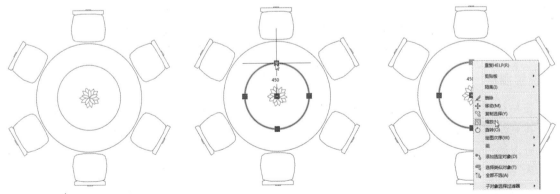

图 2-3　打开素材图形　　　图 2-4　选择圆形　　　图 2-5　选择"缩放"选项

Step 04〉根据提示指定缩放基点，如图 2-6 所示。

Step 05〉按回车键后再根据提示输入比例，如图 2-7 所示。

Step 06〉按回车键确认即可完成缩放操作，如图 2-8 所示。

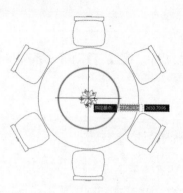

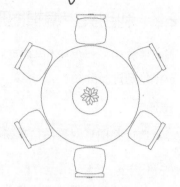

图 2-6　指定缩放基点　　　　图 2-7　输入缩放比例　　　　图 2-8　缩放效果

2.3 辅助功能的使用

在 AutoCAD 中，为了保证绘图的准确性，用户可以利用状态栏中的栅格功能、对象捕捉、极轴追踪、正交模式等辅助工具来精确绘图。

2.3.1 栅格功能

栅格显示即指在屏幕上显示按指定行间距和列间距排列的栅格点，就像在屏幕上铺了一张坐标纸，利用栅格可以对齐对象并直观显示对象之间的距离，可方便用户的绘图操作。在输出图纸的时候是不打印栅格的。

1．显示栅格

栅格是一种可见的位置参考图标，利用栅格可以对齐对象并直观显示对象之间的距离，起到坐标纸的作用。在 AutoCAD 中，用户可以使用以下方式显示和隐藏栅格：

● 在状态栏中单击"栅格显示"按钮▓。
● 按 Ctrl+G 组合键或按 F7 键。

2．设置栅格

在默认情况下，栅格显示的是直线的矩形图案，但是当视觉样式定位"二维线框"时，可以将其更改为传统的点栅格样式。在"草图设置"对话框中，可以对栅格的显示样式进行更改。用户可以通过以下方式打开"草图设置"对话框：

● 执行"工具"→"绘图工具"命令。
● 在状态栏中单击"捕捉设置"按钮▓，在弹出的列表中选择"捕捉设置"选项。
● 在命令行输入 DS 命令并按回车键。

打开"草图设置"对话框后，勾选"启用栅格"复选框，如图 2-9 所示。然后在"栅格样式"选项组中勾选"二维模型空间"复选框，如图 2-10 所示。设置完成后单击"确定"按钮即可。

图 2-9　勾选"启用栅格"复选框

图 2-10　勾选"二维模型空间"复选框

知识拓展

栅格捕捉包括矩形捕捉和等轴测捕捉。矩形捕捉主要是在平面图上进行绘制，是常用的捕捉模式；等轴测捕捉是在绘制轴测图时使用。等轴测捕捉可以帮助用户创建表现三维对象的二维对象。通过设置可以很容易地沿三个等轴测平面之一对齐对象。

2.3.2　对象捕捉功能

在绘图中若需要确定一些具体的点，只凭肉眼很难正确确认位置，在 AutoCAD 中对象捕捉就可以实现这些功能。对象捕捉分为自动捕捉和临时捕捉两种。临时捕捉主要通过"对象捕捉"工具栏实现。执行"工具"→"工具栏"→ AutoCAD →"对象捕捉"命令，打开"对象捕捉"工具栏，如图 2-11 所示。

图 2-11　"对象捕捉"工具栏

在执行自动捕捉操作前，需要设置对象的捕捉点。当鼠标指针经过这些设置过的特殊点时，就会自动捕捉这些点。

用户可以通过以下方式启用对象捕捉模式：

● 单击状态栏中的"对象捕捉"按钮。

● 按 F3 键进行切换。

用户也可以在"草图设置"对话框的"对象捕捉"选项卡中设置自动捕捉模式。需要捕捉哪些对象捕捉点和相应的辅助标记，就勾选其前面的复选框，如图 2-12 所示。

图 2-12　设置对象捕捉

实战——利用椭圆绘制菱形

本案例中将利用对象捕捉功能绘制一个菱形图形，操作步骤介绍如下。

Step 01　随意绘制一个椭圆形，如图 2-13 所示。

Step 02 在状态栏右键单击"对象捕捉"图标,在弹出的菜单中选择"对象捕捉设置"选项,如图2-14所示。

Step 03 打开"草图设置"对话框,在"对象捕捉"选项卡中勾选"启用对象捕捉"复选框,再设置对象捕捉点,这里选中"象限点"复选框,单击"确定"按钮关闭对话框,如图2-15所示。

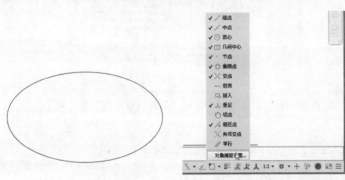

图2-13　绘制椭圆形　　　　　　图2-14　右键菜单　　　　图2-15　设置对象捕模式

Step 04 执行"直线"命令,将鼠标指针移动到椭圆的边上,捕捉象限点,如图2-16所示。

Step 05 移动鼠标指针,继续捕捉其他三个象限点进行绘制,如图2-17所示。

Step 06 删除椭圆形,完成菱形的绘制,如图2-18所示。

图2-16　捕捉象限点　　　　　图2-17　继续绘制　　　　图2-18　完成菱形的绘制

2.3.3　极轴追踪功能

在绘制图形时,如果遇到倾斜的线段,需要输入极坐标,这样就很麻烦。许多图纸中的角度都是固定角度,为了免除输入坐标这一问题,就需要使用极轴追踪功能。在极轴追踪中也可以设置极轴追踪的类型和极轴角测量等。用户可以通过以下方式启用极轴追踪模式:

- 在状态栏单击"极轴追踪"按钮。
- 打开"草图设置"对话框,勾选"启用极轴追踪"复选框。
- 按F10键进行切换。

极轴追踪包括极轴角设置、对象捕捉追踪设置、极轴角测量等。在"极轴追踪"选项卡中可以设置这些功能。各选项组的作用介绍如下。

1．极轴角设置

"极轴角设置"选项组包含"增量角"和"附加角"选项。用户可以在"增量角"下拉列表框中选择具体角度,如图2-19所示。也可以在"增量角"下拉列表框内输入任意数值,如图2-20所示。

图 2-19　选择角度　　　　　　　图 2-20　输入数值

　　附加角是对象极轴追踪使用列表中的一种任意附加角度，它起到辅助的作用。当绘制角度的时候，如果是附加角，设置的角度就会有提示。"附加角"复选框受 POLARMODE 系统变量控制。

2．对象捕捉追踪设置

　　"对象捕捉追踪设置"选项组包括仅正交追踪和所有极轴角设置追踪。

　　● "仅正交追踪"是追踪对象的正交路径，也就是对象 X 轴和 Y 轴正交的追踪。当"对象捕捉"功能打开时，仅显示已获得的对象捕捉点的正交对象捕捉追踪路径。

　　● "用所有极轴角设置追踪"是指指针从获取的对象捕捉点起沿极轴对齐角度进行追踪。该选项对所有的极轴角都将进行追踪。

3．极轴角测量

　　"极轴角测量"选项组包括"绝对"和"相对上一段"2 个选项。"绝对"是根据当前用户坐标系确定极轴追踪角度。"相对上一段"是根据上一段绘制线段确定极轴追踪角度。

📢 实战——绘制等腰直角三角形

　　本案例将利用极轴追踪功能绘制一个等腰直角三角形，具体操作步骤如下。

Step 01 在状态栏右键单击"极轴追踪"图标，在弹出的菜单中选择"正在追踪设置"选项，如图 2-21 所示。

Step 02 切换到"草图设置"对话框的"极轴追踪"选项卡，勾选"启用极轴追踪"复选框，设置"增量角"为 45，如图 2-22 所示。

Step 03 勾选"附加角"复选框，再单击"新建"按钮，输入 90，如图 2-23 所示。

图 2-21　选择"正在追踪设置"选项　　图 2-22　设置增量角　　图 2-23　设置附加角

Step 04 设置完毕关闭对话框，执行"直线"命令，指定任意一点为起点进行绘制，移动光标至 45° 角时，绘图区中会出现辅助线，如图 2-24 所示，绘制长度为 400 的斜线。

Step 05 再向下移动光标，当移动至与直线垂直 90° 的时候会出现辅助线，如图 2-25 所示。

Step 06 继续输入长度为 400，最后封闭图形，完成等腰直角三角形的绘制，如图 2-26 所示。

图 2-24　追踪 45° 角　　　　　图 2-25　追踪 90° 角　　　　　图 2-26　完成绘制

2.3.4　正交模式

正交模式是在任意角度和直角之间进行切换，在约束线段为水平或垂直的时候可以使用正交模式。绘图时若打开该模式，则只需输入线段的长度值，AutoCAD 就会自动绘制出水平或垂直的线段。用户可以通过以下方式启用正交模式：

- 单击状态栏中的"正交模式"按钮 。
- 按 F8 键进行切换。

2.4　图层的设置与管理

在 AutoCAD 中，图层相当于绘图中使用的重叠图纸，一个完整的 CAD 图形通常由一个或多个图层组成。AutoCAD 把线型、线宽、颜色等作为图形对象的基本特征，图层就通过这些特征来管理图形，而所有的图层都显示在图层特性管理器中，如图 2-27 所示。用户可通过以下几种方法打开"图层特性管理器"面板：

- 在"默认"选项卡的"图层"面板中单击"图层特性"按钮 。
- 执行"格式"→"图层"命令。
- 在命令行输入 LAYER 命令并按回车键。

2.4.1　创建图层

在绘制图形时，用户可根据需要创建图层，将不同的图形对象放置在不同的图层上，从而有效地管理图层。默认情况下，图层特性管理器中始终会有一个图层 0，新建图层后，新图层名将会以"图层 1"命名，如图 2-28 所示。用户可以通过以下方式新建图层：

- 在图层特性管理器中单击"新建图层"按钮 。
- 在图层列表中单击鼠标右键，在弹出的快捷菜单中选择"新建图层"选项。

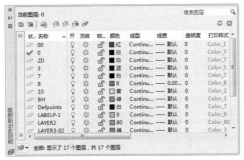
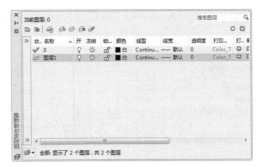

图 2-27　图层特性管理器　　　　　　图 2-28　新建图层

2.4.2　设置图层

不同的图层具有不同的图层特性，新建图层后，为了使图纸看上去井然有序，需要对图层设置颜色、线型、线宽。这些设置需要在图层特性管理器中进行，下面将对其知识内容进行介绍。

1．颜色的设置

在"图层特性管理器"面板中单击颜色图标■白，打开"选择颜色"对话框，其中包含三个颜色选项卡，即：索引颜色、真彩色、配色系统。用户可以在这三个选项卡中选择需要的颜色，如图 2-29 所示。也可以在底部颜色文本框中下方输入颜色值，如图 2-30 所示。

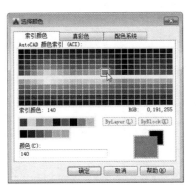

图 2-29　选择色卡　　　　　　图 2-30　输入颜色值

2．线型的设置

线型分为虚线和实线两种，在建筑绘图中，轴线是以虚线的形式表现，墙体则以实线的形式表现。用户可以通过以下方式设置线型：

Step 01▷ 在"图层特性管理器"面板中单击"线型"图标 Continuous，打开"选择线型"对话框，单击"加载"按钮，如图 2-31 所示。

Step 02▷ 打开"加载或重载线型"对话框，选择需要的线型，单击"确定"按钮完成，如图 2-32 所示。

图 2-31　"选择线型"对话框　　　　　　图 2-32　"加载或重载线型"对话框

Step 03 返回到"选择线型"对话框,在对话框中选择添加过的线型,单击"确定"按钮。随后在"图层特性管理器"面板中就会显示选择后的线型。

知识拓展

在设置好线型后,其线型比例默认为 1,此时所绘制的线条无变化。用户可选中该线条,在命令行中输入 CH 后,按回车键,即可打开"特性"面板,在该面板中,选择"线型比例"选项,更改其比例值即可。

3. 线宽的设置

为了显示图形的作用,往往会把重要的图形用粗线表示,辅助的图形用细线表示。所以线宽的设置也是必要的。

在"图层特性管理器"面板中单击"线宽"图标 —— 默认,打开"线宽"对话框,选择合适的线宽,单击"确定"按钮,如图 2-33 所示。返回"图层特性管理器"面板后,可以看到修改过的线宽。

图 2-33 "线宽"对话框

知识拓展

有时在设置了图层线宽后,绘图区中的图形线宽没有变化。此时用户只需在该界面的状态栏中,单击"显示 / 隐藏线宽"按钮,即可显示线宽。反之,则隐藏线宽。

2.4.3 管理图层

在"图层特性管理器"面板中,除了可以创建图层,修改颜色、线型和线宽外,还可以管理图层,如置为当前图层、图层的显示与隐藏、图层的锁定及解锁、合并图层、图层匹配、隔离图层等操作。下面将详细介绍图层的管理操作。

1. 置为当前层

在新建文件后,系统会在"图层特性管理器"面板中将图层 0 设置为默认图层,若用户需要使用其他图层,就需要将其置为当前层。

用户可以通过以下方式将图层置为当前层。

- 双击图层名称,当图层状态显示箭头时,则置为当前图层。
- 单击图层,在对话框的上方单击"置为当前"按钮。
- 选择图层,单击鼠标右键,在弹出的快捷菜单中选择"置为当前"选项。
- 在"图层"面板中单击下拉按钮,然后选择图层名。

知识拓展

> 图层被设置为当前层时，则该图层将不能进行打开 / 关闭操作。

2. 图层的显示与隐藏

编辑图形时，由于图层比较多，一一选择也很浪费时间，这种情况下，用户可以隐藏不需要的部分，显示需要使用的图层。

在执行显示和隐藏操作时，需要把图形以不同的图层区分开。当按钮变成 💡 图标时，图层处于关闭状态，该图层的图形将被隐藏；当图标按钮变成 💡，图层处于打开状态，该图层的图形则显示。如图 2-34 所示部分图层是关闭状态，其他的则是打开状态。

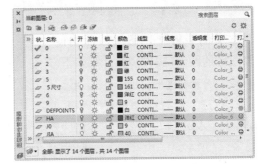

图 2-34　打开与关闭图层

用户可以通过以下方式显示和隐藏图层：

● 在"图形特性管理器"面板中单击图层 💡 按钮。

● 在功能区中单击图层下拉按钮，然后单击"开 / 关"按钮。

在"默认"选项卡的"图层"面板中单击 按钮，根据命令行的提示，选择一个实体对象，即可隐藏图层；单击 按钮，则可显示图层。

3. 图层的锁定与解锁

当图标变成 时，表示图层处于解锁状态；当图标变为 时，表示图层已被锁定。锁定相应图层后，用户不可以修改位于该图层上的图形对象。如图 2-35 所示部分图层处于锁定状态，其他则是解锁状态。

用户可以通过以下方式锁定和解锁图层：

● 在"图形特性管理器"面板中单击 按钮。

● 在"图层"面板中单击下拉按钮，然后单击 按钮。

● 在"默认"选项卡的"图层"面板中单击 按钮，根据命令行提示，选择一个实体对象，即可锁定图层；单击 按钮，则可解锁图层。

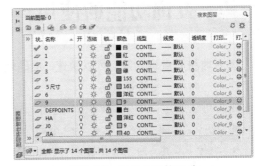

图 2-35　锁定与解锁图层

4. 合并图层

如果在"图层状态管理器"面板中存在许多相同样式的图层，用户可以将这些图层合并到一个指定的图层中，方便管理。

5. 图层匹配

图层匹配是将选择对象更改至目标图层上，使其处于相同图层。

6. 隔离图层

隔离图层是指除隔离图层之外的所有图层都被关闭，只显示隔离图层上的对象。在"默认"选项卡的"图层"面板中单击"隔离"按钮，选择要隔离的图层上的对象并按回车键，图层就会被隔离出来，未被隔离的图层将会被隐藏，不可以进行编辑和修改。单击"取消隔离"按钮，图层将被取消隔离。

实战——更改人物图层

本案例中将利用图层匹配功能更改图形的图层，操作步骤介绍如下。

Step 01 打开素材图形，如图2-36所示。

Step 02 打开"图层特性管理器"面板，可以看到"人物"和"沙发"两个图层，如图2-37所示。

Step 03 在"默认"选项卡的"图层"面板中单击"匹配图层"按钮，选择需要被更改的对象，这里选择人物图形，如图2-38所示。

Step 04 按回车键后再单击目标图层沙发对象，即可完成图层匹配操作，如图2-39所示。

图 2-36 素材图形

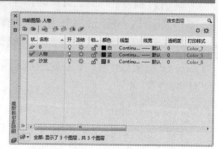
图 2-37 打开图层特性管理器

图 2-38 选择要被更改的对象

图 2-39 图层匹配效果

2.5 查询功能的使用

灵活地利用查询功能，可以快速、准确地获取图形的数据信息。它包括距离查询、半径查询、角度查询、面积/周长查询等。

用户可以通过以下方式调用"查询"命令：

● 执行"工具"→"查询"命令的子命令。
● 执行"工具"→"工具栏"→AutoCAD→"查询"命令，在"查询"工具栏中单击相应按钮。
● 在"默认"选项卡"实用工具"面板中单击相应按钮。

2.5.1 距离查询

距离查询是指查询两点之间的距离。在命令行输入 MEASUREGEOM 命令并按回车键，根据命令行的提示指定点即可查询两点之间的距离。

命令行提示如下：

```
命令：_MEASUREGEOM
输入选项 [距离(D)/半径(R)/角度(A)/面积(AR)/体积(V)] <距离>：_distance
指定第一点：
指定第二个点或 [多个点(M)]：
距离 = 850.0000，XY 平面中的倾角 = 270，    与 XY 平面的夹角 = 0
X 增量 = 0.0000，    Y 增量 = -850.0000，    Z 增量 = 0.0000
```

2.5.2 半径查询

在绘制图形时，使用该命令可以查询圆弧、圆和椭圆的半径。

命令行提示如下：

```
命令：_MEASUREGEOM
输入选项 [距离(D)/半径(R)/角度(A)/面积(AR)/体积(V)] <距离>：_radius
选择圆弧或圆：
半径 = 113.0000
直径 =226.0000
输入选项 [距离(D)/半径(R)/角度(A)/面积(AR)/体积(V)/退出(X)] <半径>：*取消*
```

2.5.3 角度查询

角度查询是指查询圆、圆弧、直线或顶点的角度。角度查询包括两种类型：查询两点虚线在 XY 平面内的夹角以及查询两点虚线与 XY 平面内的夹角。

在命令行输入 MEASUREGEOM 命令，按照提示选择相应的选项，然后选择线段，查询角度后按 Esc 键取消完成查询，此时查询的内容将显示在命令行中。

命令行提示如下：

```
命令：_MEASUREGEOM
输入选项 [距离(D)/半径(R)/角度(A)/面积(AR)/体积(V)] <距离>：_angle
选择圆弧、圆、直线或 <指定顶点>：
选择第二条直线：
角度 = 148°
输入选项 [距离(D)/半径(R)/角度(A)/面积(AR)/体积(V)/退出(X)] <角度>：*取消*
```

2.5.4 面积 / 周长查询

在 AutoCAD 中，使用"面积 / 周长"查询命令可以查询若干个顶点的多边形区域，或指定对象围成区域的面积和周长。对于一些本身是封闭的图形可以直接选择对象查询，对于由直线、圆弧等组成的封闭图形，就需要把组合图形的点连接起来，形成封闭路径进行查询。

在命令行输入 MEASUREGEOM 命令，按照提示输入 AREA 命令，依次捕捉图形的顶点。查询后按 Esc 取消。命令行的提示如下：

```
命令：_MEASUREGEOM
输入选项 [距离(D)/半径(R)/角度(A)/面积(AR)/体积(V)] <距离>：_area
指定第一个角点或 [对象(O)/增加面积(A)/减少面积(S)/退出(X)] <对象(O)>：
指定下一个点或 [圆弧(A)/长度(L)/放弃(U)]：
指定下一个点或 [圆弧(A)/长度(L)/放弃(U)]：
指定下一个点或 [圆弧(A)/长度(L)/放弃(U)/总计(T)] <总计>：
指定下一个点或 [圆弧(A)/长度(L)/放弃(U)/总计(T)] <总计>：
区域 = 562500.0000，周长 = 3000.0000
输入选项 [距离(D)/半径(R)/角度(A)/面积(AR)/体积(V)/退出(X)] <面积>：X
```

✍ 综合演练 为施工图创建图层并测量面积

实例路径：实例 \CH02\ 综合演练 \ 为施工图创建图层并测量面积 .dwg
视频路径：视频 \CH02\ 为施工图创建图层并测量面积 .avi

对于简单的图形，用户可以在图形绘制完毕后，再归类图形所属的图层。本次实例将为一个小户型平面图创建图层，并进行面积测量。

Step 01 打开素材图形，如图 2-40 所示。

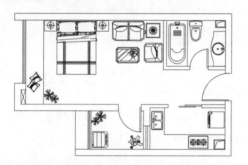

图 2-40 打开素材图形

Step 02 在"默认"选项卡中单击"图层特性"按钮，打开"图层特性管理器"面板，单击"新建"按钮，创建"墙体""门窗""家具""植物"等图层，如图 2-41 所示。

图 2-41 创建图层

Step 03 单击"门窗"图层的"颜色"图标，打开"选择颜色"对话框，从中选择合适的颜色，如图 2-42 所示。

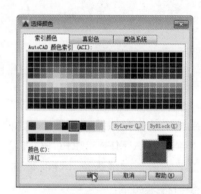

图 2-42 选择颜色

Step 04 关闭对话框返回到"图层特性管理器"面板，如图 2-43 所示。

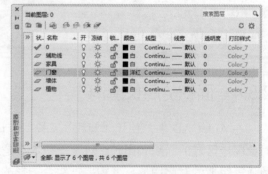

图 2-43 设置图层颜色

Step 05 设置其他图层颜色，如图 2-44 所示。

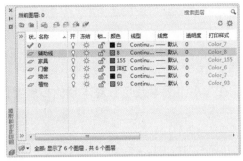

图 2-44 设置其他图层颜色

Step 06 单击 "墙体" 图层的 "线宽" 图标，打开 "线宽" 对话框，选择 0.30mm，如图 2-45 所示。

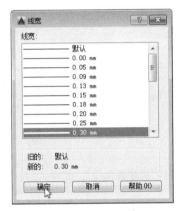

图 2-45 设置线宽

Step 07 设置完毕后关闭对话框和 "图层特性管理器" 面板，返回到绘图区，将图形分别放置到各个图层中，观察效果，如图 2-46 所示。

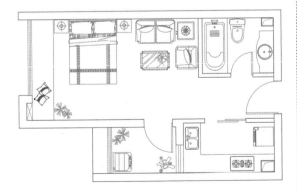

图 2-46 图层分类效果

Step 08 执行 "工具" → "查询" → "面积" 命

令，根据提示指定第一个角点，如图 2-47 所示。

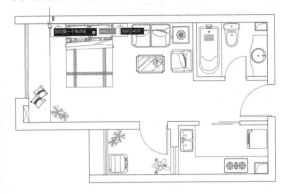

图 2-47 捕捉第一个角点

Step 09 根据提示依次捕捉下一个角点，如图 2-48 所示。

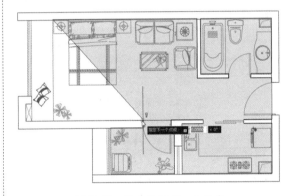

图 2-48 依次捕捉下一个角点

Step 10 捕捉完毕后按回车键确认，系统会弹出提示，显示区域的面积和周长，如图 2-49 所示。

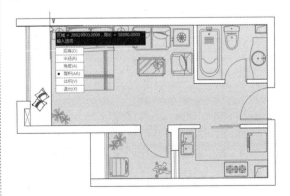

图 2-49 查询居室面积

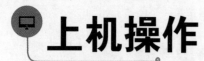
上机操作

为了让读者能够更好地掌握本章所学习到的知识，在本小节列举几个针对本章的拓展案例，以供读者练手。

1. 利用夹点旋转图形

⚠ **操作提示：**

Step 01 选择要进行旋转操作的图形，在夹点上单击鼠标右键，在弹出的菜单中选择"旋转"命令，如图 2-50 所示。

Step 02 指定基点进行旋转操作，如图 2-51 所示。

图 2-50 选择"旋转"命令

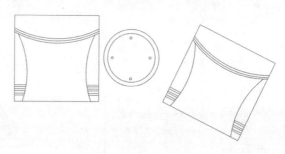

图 2-51 旋转操作

2. 创建图层并绘制立面图形

⚠ **操作提示：**

Step 01 创建如"轮廓线""家具电器""标注""文字"等图层并设置参数，如图 2-52 所示。

Step 02 在对应的图层中绘制立面图形，如图 2-53 所示。

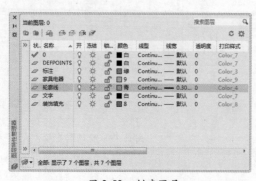

图 2-52 创建图层

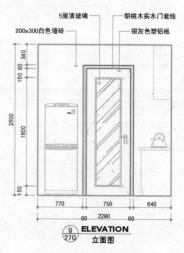

图 2-53 绘制立面图形

第3章

绘制二维图形

　　二维图形是 AutoCAD 的绘图基础，只有掌握了绘制基本平面图形的知识后，才能够熟练绘制出其他复杂的图形。本章将对基本二维图形的绘制操作进行介绍，其中包括点、线、曲线、矩形以及多边形的绘制等。通过对本章内容的学习，读者能够熟练掌握二维图形的绘制方法与绘图技巧。

知识要点

　▲　绘制点　　　　　　　　　　　　　▲　绘制曲线

　▲　绘制线　　　　　　　　　　　　　▲　绘制多边形

3.1　绘制点

　　在 AutoCAD 中，点是构成图形的基础，并且可以作为捕捉和移动对象的节点或参照点。用户可以使用多种方法创建点。在创建点之前，需要设置点的显示样式。

3.1.1　点样式的设置

　　默认情况下，点在 CAD 中是以圆点的形式显示的，用户也可以设置点的显示类型。在操作过程中可以通过以下两种方式来打开"点样式"对话框：
　　● 在菜单栏执行"格式"→"点样式"命令。
　　● 在命令行中输入 DDPTYPE 命令并按回车键。
　　执行"格式"→"点样式"命令，打开"点样式"对话框，即可从中选择相应的点样式，如图 3-1 所示。
　　点的大小也可以自定义，若选择"相对于屏幕设置大小"单选按钮，点大小是根据绘图区的缩放而改变。若选择"按绝对单位设置大小"单选按钮，则点是以实际单位的大小显示。

图 3-1　"点样式"对话框

3.1.2 绘制点

点是组成图形的最基本实体对象，下面将介绍单点或多点的绘制方法。

- 执行"绘图"→"点"→"单点"/"多点"命令。
- 在"默认"选项卡"绘图"面板中，单击"多点"按钮。
- 在命令行输入 POINT 命令并按回车键。

命令行的提示如下：

```
命令: _point
当前点模式:  PDMODE=35  PDSIZE=20.0000
指定点:
```

3.1.3 绘制等分点

CAD 绘图时绘制一个点的情况比较少，通常是执行定数等分和定距等分命令，从而自动生成点。

1. 定数等分

定数等分可以将图形按照固定的数值和相同的距离进行平均等分，等分的点可作为绘图的参考点。用户可以通过以下方式绘制定数等分点：

- 执行"绘图"→"点"→"定数等分"命令。
- 在"默认"选项卡"绘图"面板中，单击"定数等分"按钮。
- 在命令行输入 DIVIDE 命令并按回车键。

命令行提示如下：

```
命令: _divide
选择要定数等分的对象:
输入线段数目或 [块(B)]: 5
```

2. 定距等分

定距等分是从某一端点按照指定的距离进行划分。被等分的对象在不被整除的情况下，等分对象的最后一段要比之前的距离短。用户可以通过以下方式绘制定距等分点：

- 执行"绘图"→"点"→"定距等分"命令。
- 在"默认"选型卡"绘图"面板中，单击"定距等分"按钮。
- 在命令行输入 MEASURE 命令并按回车键。

命令行提示如下：

```
命令: _measure
选择要定距等分的对象:
指定线段长度或 [块(B)]: 120
```

知识拓展

　　使用"定数等分"命令时，由于输入的是等分段数，所以如果图形对象是封闭的，则生成点的数量等于等分的段数值。无论是使用"定数等分"还是"定距等分"进行操作，并非是将图形分成独立的几段，而是在相应的位置上显示等分点，以辅助其他图形的绘制。

实战——绘制五角星图形

　　下面利用定数等分命令创建点，再捕捉点绘制五角星。操作步骤介绍如下。

Step 01 绘制一个半径为 100mm 的圆，如图 3-2 所示。

Step 02 执行"格式"→"点样式"命令，打开"点样式"对话框，选择点样式并设置点大小等参数，如图 3-3 所示。

Step 03 执行"绘图"→"点"→"定数等分"命令，根据提示选择圆形，如图 3-4 所示。

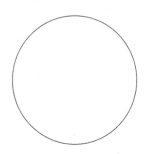
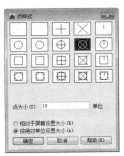

图 3-2　绘制圆　　　　图 3-3　设置点样式　　　　图 3-4　选择定数等分对象

Step 04 根据提示输入等分数，这里输入 5，如图 3-5 所示。

Step 05 按回车键后完成定数等分操作，等分点以设置的样式显示，如图 3-6 所示。

Step 06 执行"直线"命令，捕捉等分点绘制出五角星图形，如图 3-7 所示。

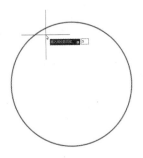
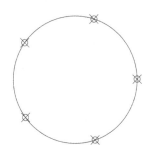
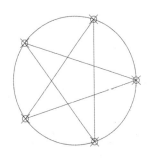

图 3-5　输入线段数目　　　　图 3-6　定数等分点　　　　图 3-7　绘制五角星

3.2　绘制线

　　线在图形中是最基本的对象，许多复杂的图形都是由线组成，根据用途不同，分为直线、射线、多线、多段线等。

3.2.1 绘制直线

直线是各种图形中最简单、最常用的一类图形对象，既可以绘制出一条线段，也可以绘制出一系列相连的线段。绘制直线的方法非常简单，在绘图区内指定直线的起点和终点即可绘制一条直线。

用户可以通过以下方式调用"直线"命令：

- 执行"绘图"→"直线"命令。
- 在"默认"选项卡"绘图"面板中单击"直线"按钮／。
- 在命令行输入 LINE 命令并按回车键。

命令行的提示如下：

```
命令：_line
指定第一个点：
指定下一点或 [放弃(U)]：
```

3.2.2 绘制射线

射线是从一端点出发向某一方向一直延伸的直线，只有起始点没有终点。在执行"射线"命令后，在绘图区指定起点，再指定射线的通过点即可绘制一条射线。

用户可以通过以下方式调用"射线"命令：

- 执行"绘图"→"射线"命令。
- 在"默认"选项卡"绘图"面板中单击"绘图"下拉按钮 绘图 ▼ ，在展开的面板中单击"射线"按钮 。
- 在命令行输入 RAY 命令并按回车键。

🖊 绘图技巧

利用"射线"命令可以指定多个通过点，绘制以同一起点为端点的多条射线，绘制完多条射线后，按 Esc 键或回车键即可完成操作。

3.2.3 绘制与编辑多线

多线是由多条平行线组成的对象，平行线之间的间距和数目是可以设置的。多线主要用于绘制建筑平面图中的墙体图形。通常在绘制多线时，需要对多线样式进行设置。下面将对其相关知识进行介绍。

1. 设置多线样式

在 AutoCAD 软件中，用户可以创建和保存多线的样式或应用默认样式，还可以设置多线中每个元素的颜色和线型，并能显示或隐藏多线转折处的边线。用户可以通过以下两种方式打开"多线样式"对话框：

- 执行"格式"→"多线样式"命令。
- 在命令行中输入 MLSTYLE 命令并按回车键。

执行"格式"→"多线样式"命令，打开"多线样式"对话框，如图 3-8 所示，再单击"新建"按钮即可打开"修改多线样式"对话框，用户可以在该对话框中设置多线样式，如图 3-9 所示。

图 3-8 "多线样式"对话框

图 3-9 "新建多线样式"对话框

2. 绘制多线

设置完多线样式后，就可以开始绘制多线。用户可以通过以下方式调用"多线"命令：

- 在菜单栏中执行"绘图"→"多线"命令。
- 在命令行输入 MLINE 命令并按回车键。

命令行的提示如下：

```
命令：MLINE
当前设置：对正 = 无，比例 = 20.00，样式 = STANDARD
指定起点或 [对正(J)/比例(S)/样式(ST)]：  j
输入对正类型 [上(T)/无(Z)/下(B)] <无>：  z
当前设置：对正 = 无，比例 = 20.00，样式 = STANDARD
指定起点或 [对正(J)/比例(S)/样式(ST)]：  s
输入多线比例 <20.00>：  240
当前设置：对正 = 无，比例 = 240.00，样式 = STANDARD
```

3. 编辑多线

多线绘制完毕后，通常都会需要对该多线进行修改编辑，才能达到预期的效果。用户可以利用多线编辑工具对多线进行设置，如图 3-10 所示。在"多线编辑工具"对话框中可以编辑多线接口处的类型，用户可以通过以下方式打开该对话框：

- 执行"修改"→"对象"→"多线"命令。
- 在命令行输入 MLEDIT 命令并按回车键。
- 直接双击多线图形。

图 3-10 多线编辑工具

📖 **绘图技巧**

　　默认情况下,绘制多线的操作和绘制直线相似,若想更改当前多线的对齐方式、显示比例及样式等属性,可以在命令行中进行选择操作。

📢 实战——为平面户型图绘制窗户

　　这里利用多线工具绘制窗户图形,完善居室户型图,具体步骤介绍如下。

Step 01 打开素材图形,如图 3-11 所示。

Step 02 新建"门窗"图层并将其设置为当前图层,如图 3-12 所示。

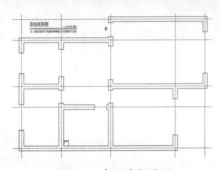

图 3-11　打开素材图形

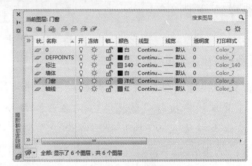

图 3-12　创建门窗图层

Step 03 执行"格式"→"多线样式"命令,打开"多线样式"对话框,单击"修改"按钮,如图 3-13 所示。

Step 04 打开"修改多线样式"对话框,勾选直线的"起点""端点"复选框,设置图元偏移参数,如图 3-14 所示。

图 3-13　"多线样式"对话框

图 3-14　设置多线样式

Step 05 依次单击"确定"按钮返回到绘图区,执行"绘图"→"多线"命令,根据提示设置对正方式为"无",如图 3-15 所示。

Step 06 设置比例为 1,捕捉轴线绘制窗户图形,完成本次绘制,隐藏轴线图层,观察效果,如图 3-16 所示。

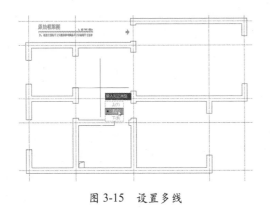

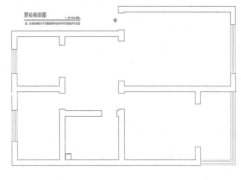

图 3-15　设置多线　　　　　　　　　　　图 3-16　完成绘制

3.2.4　绘制与编辑多段线

多段线是由相连的直线和圆弧曲线组成的，在直线和圆弧曲线之间可进行自由切换。用户可以设置多段线的宽度，也可以在不同的线段中设置不同的线宽。此外，还可以设置线段的始末端点具有不同的线宽。

1. 绘制多段线

默认情况下，当指定了多段线另一端点的位置后，将从起点到该点绘制出一段多段线。用户可以通过以下方式调用"多段线"命令：

- 执行"绘图"→"多段线"命令。
- 在"默认"选项卡"绘图"面板中单击"多段线"按钮 ⌐。
- 在命令行输入 PLINE 命令并按回车键。

命令行的提示如下：

```
命令: _pline
指定起点:
当前线宽为 0.0000
指定下一个点或 [圆弧(A)/半宽(H)/长度(L)/放弃(U)/宽度(W)]: 1000 (下一点距离值)
指定下一点或 [圆弧(A)/闭合(C)/半宽(H)/长度(L)/放弃(U)/宽度(W)]:
```

知识拓展

多段线是一条完整的线，折弯的地方是一体，不像直线，线与线通过端点相连；多段线可以改变线宽，使端点和尾点的粗细不一，形成梯形；还有多段线可绘制圆弧，这是直线绝对不可能做到的。另外，对偏移命令，直线和多段线的偏移对象也不相同，直线是偏移单线，多段线是偏移图形。

2. 编辑多段线

在图形设计的过程中用户可以通过闭合和打开多段线，以及移动、添加或删除单个顶点来编辑多段线，可以在任意两个顶点之间拉直多段线，也可以切换线型以便在每个顶点前或后显示虚线，还可以通过多段线创建线性近似样条曲线。

用户可以通过以下方式进行多段线的编辑：

- 执行“修改”→“对象”→“多段线”命令。
- 鼠标双击多段线图形。
- 在命令行输入 PEDIT 命令并按回车键。

执行“修改”→“对象”→“多段线”命令，选择要编辑的多段线，就会弹出一个多段线编辑菜单。选择一条多段线和选择多条多段线弹出的快捷菜单选项并不相同，如图 3-17、图 3-18 所示。

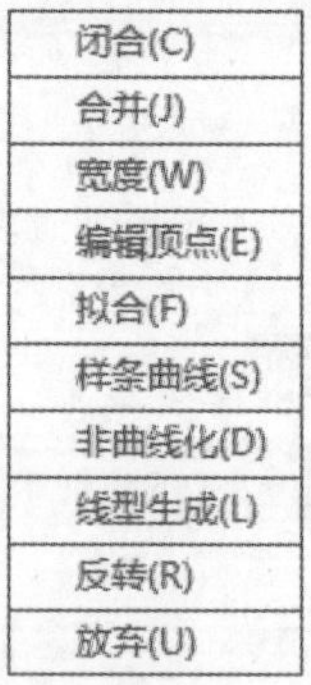

闭合(C)
合并(J)
宽度(W)
编辑顶点(E)
拟合(F)
样条曲线(S)
非曲线化(D)
线型生成(L)
反转(R)
放弃(U)

图 3-17

闭合(C)
打开(O)
合并(J)
宽度(W)
拟合(F)
样条曲线(S)
非曲线化(D)
线型生成(L)
反转(R)
放弃(U)

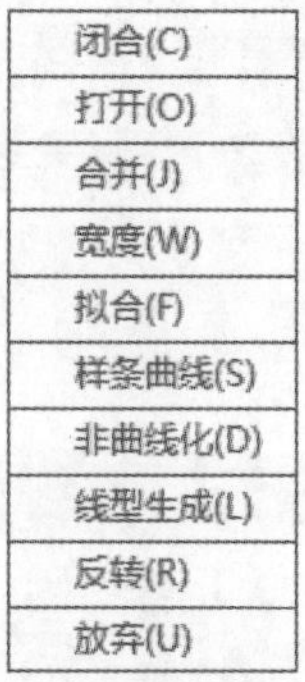

图 3-18 多段线编辑菜单

实战——绘制箭头图形

下面利用多段线命令绘制一个弯曲的箭头图形，绘制步骤介绍如下。

Step 01 执行“绘图”→“多段线”命令，在绘图区中单击指定一点为起点，根据提示输入命令 a，如图 3-19 所示。

Step 02 按回车键后向上移动光标，输入命令 w 绘制曲线段，如图 3-20 所示。

Step 03 按回车键后根据提示设置起点宽度为 0，端点宽度为 10，如图 3-21 所示。

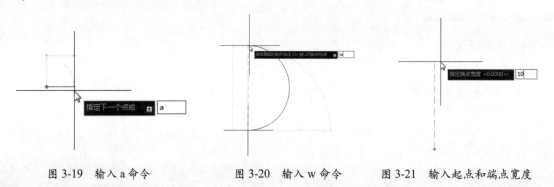

指定下一个点或
a

图 3-19 输入 a 命令

w

图 3-20 输入 w 命令

指定端点宽度 <0.0000>:
10

图 3-21 输入起点和端点宽度

Step 04 再按回车键输入长度 50，如图 3-22 所示。

Step 05 按回车键后输入 l 命令，继续绘制直线段，再输入 w 命令，设置起点和端点宽度为 5，如图 3-23 所示。

Step 06 按回车键后绘制长度为 3 的直线段，再输入命令 w，设置起点宽度为 25，端点宽度为 0，如图 3-24 所示。

50

图 3-22 输入长度

指定端点宽度 <5.0000>:
5

图 3-23 输入起点和端点宽度

指定起点宽度 <5.0000>:
25

图 3-24 输入起点和端点宽度

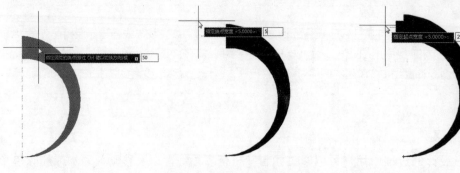

Step 07 按回车键后移动光标，输入长度 15，如图 3-25 所示。

Step 08 按回车键后完成箭头图形的绘制，如图 3-26 所示。

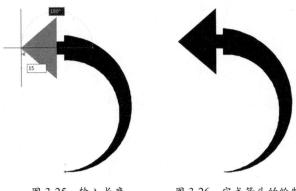

图 3-25　输入长度　　　图 3-26　完成箭头的绘制

3.3 绘制曲线

圆是闭合的图形，而圆弧是圆的一部分。绘制圆和圆弧有很多方法，本节将对常见的图形进行详细介绍。

3.3.1 绘制圆

圆是常用的基本图形，要创建圆，可以指定圆心，输入半径值，也可以任意拉取半径长度绘制。用户可以通过以下方式调用"圆"命令：

● 执行"绘图"→"圆"命令的子命令。

● 在"默认"选项卡"绘图"面板中单击"圆"按钮。

● 在命令行输入 C 并按回车键。

圆命令的子命令中又包含以下几种绘制方式：

● 圆心、半径 / 直径：圆心、半径 / 直径方式是先确定圆心，然后输入半径或者直径，即可完成绘制操作。

● 两点 / 三点：在绘图区随意指定两点或三点或者捕捉图形上的点即可绘制圆。

● 相切、相切、半径：选择图形对象的两个相切点，再输入半径值即可绘制圆。

● 相切、相切、相切：选择图形对象的三个相切点，即可绘制一个与图形相切的圆。

3.3.2 绘制圆弧

绘制圆弧的方法有很多种，默认情况下，绘制圆弧需要三点：圆弧的起点、圆弧上的点和圆弧的端点。

用户可以通过以下方式调用"圆弧"命令：

● 执行"绘图"→"圆弧"命令的子命令。

● 在"默认"选项卡"绘图"面板中单击"圆弧"按钮。

● 在命令行输入 ARC 命令并按回车键。

命令行提示如下：

```
命令：  ARC
指定圆弧的起点或 [圆心(C)]：
指定圆弧的第二个点或 [圆心(C)/端点(E)]：
指定圆弧的端点：
```

绘图技巧

圆弧的方向有顺时针和逆时针之分。默认情况下，系统按照逆时针方向绘制圆弧。因此，在绘制圆弧时一定要注意圆弧起点和端点的相对位置，否则有可能导致所绘制的圆弧与预期圆弧的方向相反。

实战——绘制盆栽图形

本案例中将利用圆、圆弧等命令绘制一个盆栽图形，操作步骤介绍如下。

Step 01 执行"绘图"→"圆弧"命令，随意绘制多条弧线，如图 3-27 所示。

Step 02 执行"绘图"→"圆"命令，绘制一个圆放置到合适的位置，如图 3-28 所示。

Step 03 复制多个圆形，摆放出植物的叶片轮廓，如图 3-29 所示。

Step 04 绘制一个大圆，作为花盆轮廓，完成盆栽图形的绘制，如图 3-30 所示。

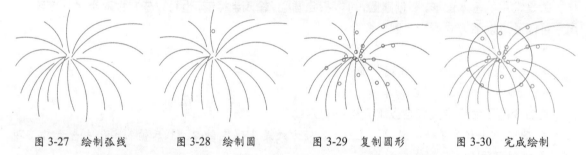

图 3-27 绘制弧线   图 3-28 绘制圆   图 3-29 复制圆形   图 3-30 完成绘制

3.3.3 绘制样条曲线

样条曲线是经过或接近影响曲线形状的一系列点的平滑曲线。用户可以通过以下方式调用样条曲线命令：

- 执行"绘图"→"样条曲线"→"拟合点"\"控制点"命令。
- 在"默认"选项卡"绘图"面板中单击"样条曲线拟合" 或"样条曲线控制点" 按钮。
- 在命令行输入 SPLINE 并按回车键。

命令行提示如下：

```
命令：_SPLINE
当前设置：方式=拟合    节点=弦
指定第一个点或 [方式(M)/节点(K)/对象(O)]：_M
```

```
输入样条曲线创建方式 [拟合(F)/控制点(CV)] <拟合>：_FIT
当前设置：方式=拟合 节点=弦
指定第一个点或 [方式(M)/节点(K)/对象(O)]：
输入下一个点或 [起点切向(T)/公差(L)]：
输入下一个点或 [端点相切(T)/公差(L)/放弃(U)]：
输入下一个点或 [端点相切(T)/公差(L)/放弃(U)/闭合(C)]：
```

　　绘制样条曲线分为样条曲线拟合和样条曲线控制点两种方式。如图 3-31 所示为拟合方式绘制的曲线，如图 3-32 所示为控制点方式绘制的曲线。

图 3-31　样条曲线拟合　　图 3-32　样条曲线控制点

🖋 绘图技巧

　　选中样条曲线，利用出现的夹点可编辑样条曲线。单击夹点中三角符号可进行类型切换，如图 3-33 所示。

图 3-33　切换夹点类型

3.3.4　绘制修订云线

　　修订云线是由连续圆弧组成的多段线，用于在图纸的检查阶段提醒用户注意图形的某个部分，分为矩形修订云线、多边形修订云线以及徒手画三种绘图方式。在检查或用红线圈阅图形时，可以使用修订云线功能亮显标记以提高工作效率。

　　用户可以通过以下方式调用"修订云线"命令：

● 执行"绘图"→"修订云线"命令。
● 在"默认"选项卡"绘图"面板中单击"修订云线"按钮⬚。
● 在命令行输入 REVCLOUD 命令并按回车键。

　　命令行的提示如下：

```
命令：_revcloud
最小弧长：0.5 最大弧长：0.5 样式：普通
指定起点或 [弧长(A)/对象(O)/样式(S)] <对象>：
沿云线路径引导十字光标...
修订云线完成。
```

知识拓展

　　在绘制云线的过程中，可以使用鼠标单击沿途各点，也可以通过拖动鼠标自动生成，当开始和结束点接近时云线会自动封闭，且命令行中会提示"修订云线完成"，此时生成的对象类型是多段线。

执行"修订云线"命令后,根据命令行提示输入 s 命令,在命令行中会出现"选择圆弧样式[普通 (N)/ 手绘 (C)]"的提示内容,输入 N 命令按回车键后画出的云线是普通的单线形式,如图 3-34 所示;输入 C 命令按回车键后画出的云线就是手绘形式,如图 3-35 所示。

图 3-34 修订云线普通样式   图 3-35 修订云线手绘样式

实战——绘制灯具图形

本案例中将利用直线、圆弧、样条曲线等命令绘制一个吊灯图形,操作步骤介绍如下。

Step 01 执行"绘图"→"直线"命令和"圆弧"命令,绘制一条长 900mm 的直线,再绘制一条高度为 320mm 的圆弧,如图 3-36 所示。

Step 02 执行"偏移""修剪"命令,将直线向下偏移 20mm,再修剪图形,如图 3-37 所示。

Step 03 执行"绘图"→"样条曲线"命令,绘制出一个曲线造型,如图 3-38 所示。

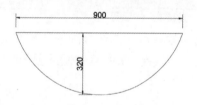 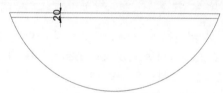 

图 3-36 绘制直线和圆弧   图 3-37 偏移并修剪   图 3-38 绘制曲线造型

Step 04 执行"镜像"命令,将造型镜像复制到另一侧,如图 3-39 所示。

Step 05 执行"绘图"→"矩形"命令,绘制 100mm×40mm 和 25mm×400mm 的两个矩形,放置到合适的位置,如图 3-40 所示。

Step 06 执行"绘图"→"圆弧"命令,绘制两条圆弧,如图 3-41 所示。

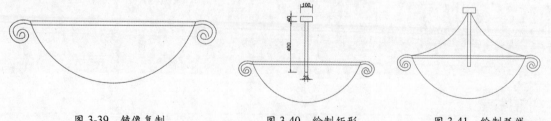

图 3-39 镜像复制   图 3-40 绘制矩形   图 3-41 绘制弧线

Step 07 执行"绘图"→"样条曲线"命令,绘制灯具花纹造型,如图 3-42 所示。

Step 08 执行"绘图"→"矩形"命令,绘制 80mm×25mm 的矩形和半径为 20mm 的圆弧,调整图形颜色,完成灯具图形的绘制,如图 3-43 所示。

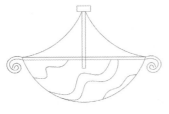
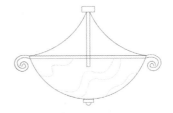

图 3-42　绘制花纹　　　　　图 3-43　完成绘制

3.4　绘制矩形和多边形

矩形和多边形是最基本的几何图形,其中,多边形包括三角形、四边形、五边形和其他多边形等。

3.4.1　绘制矩形

矩形是最常用的几何图形,分为普通矩形、倒角矩形和圆角矩形,用户可以随意指定矩形的两个对角点创建矩形,也可以指定面积和尺寸创建矩形。用户可以通过以下方式调用"矩形"命令:

- 执行"绘图"→"矩形"命令。
- 在"默认"选项卡"绘图"面板中单击"矩形"按钮□▾。
- 在命令行输入 RECTANG 命令并按回车键。

1. 普通矩形

在"默认"选项卡"绘图"面板中单击"矩形"按钮□,在任意位置指定第一个角点,再根据提示输入 D,并按回车键,输入矩形的长度和宽度后按回车键,即可绘制一个长为 600mm,宽为 400mm 的矩形,如图 3-44 所示。

2. 倒角矩形

执行"绘图"→"矩形"命令。根据命令行提示输入 C,输入倒角距离为 80mm,再输入长度和宽度分别为 600mm 和 400mm,按回车键后即可绘制倒角矩形,如图 3-45 所示。

命令行提示如下:

```
命令: _rectang
当前矩形模式:  倒角=80.0000 x 60.0000
指定第一个角点或 [倒角(C)/标高(E)/圆角(F)/厚度(T)/宽度(W)]: c
指定矩形的第一个倒角距离 <80.0000>: 80
指定矩形的第二个倒角距离 <60.0000>: 80
指定第一个角点或 [倒角(C)/标高(E)/圆角(F)/厚度(T)/宽度(W)]:
指定另一个角点或 [面积(A)/尺寸(D)/旋转(R)]: d
指定矩形的长度 <10.0000>: 600
指定矩形的宽度 <10.0000>: 400
指定另一个角点或 [面积(A)/尺寸(D)/旋转(R)]:
```

3. 圆角矩形

在命令行输入 RECTANG 命令并按回车键，根据提示输入 F，设置半径为 100mm，然后指定两个对角点即可完成绘制圆角矩形的操作，如图 3-46 所示。

命令行提示如下：

```
命令: _rectang
指定第一个角点或 [倒角(C)/标高(E)/圆角(F)/厚度(T)/宽度(W)]: f
指定矩形的圆角半径 <0.0000>: 100
指定第一个角点或 [倒角(C)/标高(E)/圆角(F)/厚度(T)/宽度(W)]:
指定另一个角点或 [面积(A)/尺寸(D)/旋转(R)]:
```

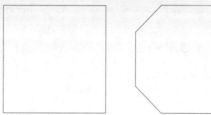

图 3-44　普通矩形　　　　图 3-45　倒角矩形　　　　图 3-46　圆角矩形

3.4.2　绘制多边形

多边形是指三条或三条以上长度相等的线段组成的闭合图形。默认情况下，多边形的边数为 4。绘制多边形时分为内接圆和外接圆两个方式，内接圆就是多边形在一个虚构的圆内，外接圆也就是多边形在一个虚构的圆外。用户可以通过以下方式调用"多边形"命令：

● 执行"绘图"→"多边形"命令。
● 在"默认"选项卡"绘图"面板中单击"矩形"按钮的小三角符号 □▾，在弹出的列表中单击"多边形"按钮 ⬠。
● 在命令行输入 POLYGON 命令并按回车键。

1. 内接于圆

在命令行输入 POLYGON 并按回车键，根据提示设置多边形的边数，选择内接于圆并设置半径，设置完成后效果如图 3-47 所示。

2. 外接于圆

在命令行输入 POLYGON
并按回车键，根据提示设置多边形的边数，选择外接于圆并设置半径，设置完成后效果如图 3-48 所示。

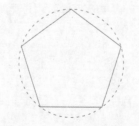
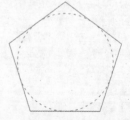

图 3-47　内接于圆的五边形　　　图 3-48　外接于圆的五边形

综合演练 绘制休闲座椅图形

实例路径： 实例\CH03\综合演练\绘制休闲座椅图形.dwg
视频路径： 视频\CH03\绘制休闲座椅图形.avi

在学习了本章知识内容后，接下来通过具体案例练习来巩固所学的知识，以做到学以致用。本例的休闲座椅图形主要利用了直线、圆、圆弧等命令进行绘制，下面具体介绍绘制方法。

Step 01 执行"绘图"→"圆"命令，绘制一个半径为 250mm 的圆形，如图 3-49 所示。

Step 02 执行"绘图"→"直线"命令，捕捉绘制两条长度为 250mm 的直线，如图 3-50 所示。

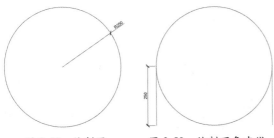

图 3-49　绘制圆　　　图 3-50　绘制两条直线

Step 03 执行"绘图"→"圆"命令，捕捉圆心再次绘制一个半径为 220mm 的圆，再执行"绘图"→"直线"命令，捕捉绘制两条长 250mm 的直线，如图 3-51 所示。

Step 04 重复以上步骤绘制圆，如图 3-52 所示。

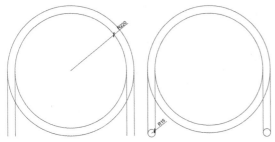

图 3-51　绘制圆和直线　　图 3-52　绘制圆并移动

Step 05 执行"修改"→"修剪"命令，修剪图形，如图 3-53 所示。

Step 06 执行"绘图"→"圆弧"→"三点"命令，绘制一条弧线，如图 3-54 所示。

图 3-53　修剪图形　　　图 3-54　绘制圆弧

Step 07 执行"绘图"→"直线"命令，捕捉绘制一条直线，完成休闲椅子的绘制，如图 3-55 所示。

图 3-55　绘制出椅子

Step 08 执行"绘图"→"圆"命令，分别绘制半径为 150mm 和 140mm 的同心圆作为休闲桌，调整到合适位置，如图 3-56 所示。

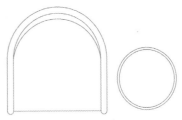

图 3-56　绘制同心圆

Step 09 复制休闲椅子图形到另一侧，完成休闲座椅组合的绘制，如图 3-57 所示。

图 3-57　休闲座椅组合

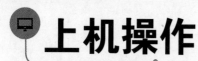

为了让读者能够更好地掌握本章所学习到的知识，在本小节列举几个针对于本章的拓展案例，以供读者练手。

1. 绘制吧台椅图形

利用"圆""矩形""弧线"等命令绘制如图 3-58 所示的吧台椅图形。

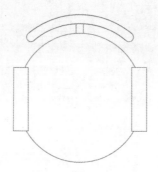

图 3-58　绘制吧台椅图形

⚠ **操作提示：**

Step 01 利用"圆""矩形"命令绘制椅座。

Step 02 利用"圆""弧线"直线命令绘制椅背。

2. 绘制洗手盆图形

利用"椭圆""圆""直线"等命令绘制如图 3-59 所示的洗手盆图形。

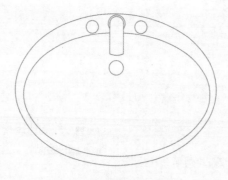

图 3-59　绘制洗手盆图形

⚠ **操作提示：**

Step 01 利用"椭圆"命令绘制洗手盆轮廓。

Step 02 利用"圆""直线"等命令绘制龙头及下水管图形。

第4章

编辑二维图形

绘制二维图形后，用户可以对其做进一步的编辑操作，从而更加完美地将图纸呈现出来。在编辑图形之前，首先要选择图形，然后再进行编辑。本章将对图形的编辑、图案填充等知识内容进行逐一介绍。通过对本章内容的学习，用户可熟悉并掌握编辑二维图形的一系列操作。

知识要点

▲ 变换图形　　　　　　　　　▲ 复制图形

▲ 修改图形　　　　　　　　　▲ 图形图案填充

4.1 编辑图形

在二维图形的绘制过程中，经常需要对图形进行各种修改操作，如移动、旋转、镜像、阵列、修剪、延伸等，本节将会对图形的编辑操作知识进行介绍。

4.1.1 移动图形

移动是将一个图形从现在的位置挪动到一个指定的新位置，图形大小和方向不会发生改变。如图 4-1 所示为两个圆，利用"移动"命令和捕捉工具，捕捉圆心对小圆进行移动，创建出同心圆，如图 4-2 所示。用户可以通过以下方式进行移动操作：

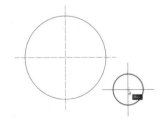

图 4-1　指定圆心作为移动基点　　　图 4-2　同心圆

- 执行"修改"→"移动"命令。
- 在"默认"选项卡"修改"面板单击"移动"按钮⊹。
- 在命令行输入 MOVE 命令并按回车键。

命令行提示如下：

```
命令：_move
选择对象：找到 1 个
选择对象：
指定基点或 [位移(D)] <位移>：
指定第二个点或 <使用第一个点作为位移>：
```

4.1.2 复制图形

在绘图过程中，经常会出现一些相同的图形，如果将图形一个个进行重复绘制，工作效率显然会很低。AutoCAD 提供了"复制"命令，可以将任意复杂的图形复制到视图中任意位置，如图 4-3、图 4-4 所示。用户可以通过以下方式进行复制操作：

● 执行"修改"→"复制"命令。

● 在"默认"选项卡"修改"面板单击"复制"按钮❀。

● 在命令行输入 COPY 命令并按回车键。

命令行提示如下：

图 4-3　植物图形　　　图 4-4　复制图形

```
命令：_copy
选择对象：找到 1 个
选择对象：
当前设置：复制模式 = 多个
指定基点或 [位移(D)/模式(O)] <位移>：
指定第二个点或 [阵列(A)] <使用第一个点作为位移>：
指定第二个点或 [阵列(A)/退出(E)/放弃(U)] <退出>：
```

> **绘图技巧**
>
> 在复制对象的时候，系统默认一次只能复制一个图形对象，如果用户想对同一个图形对象进行重复复制，可以选择对象后在命令行中输入快捷命令 O 并设置选择模式为多个，再指定复制对象的目标点即可。想要退出复制状态，按 Esc 键。

4.1.3 旋转图形

旋转就是将选定的图形围绕一个指定的基点改变其角度，正值角度按逆时针方向旋转，负值角度按顺时针方向旋转，用户可以通过以下方式旋转图形：

● 执行"修改"→"旋转"命令。

- 在"默认"选项卡"修改"面板单击"旋转"按钮↺。
- 在命令行输入 ROTATE 命令并按回车键。

命令行提示如下：

```
命令: _rotate
UCS 当前的正角方向：  ANGDIR=逆时针   ANGBASE=0
选择对象：找到 1 个
选择对象：
指定基点：
指定旋转角度，或 [复制(C)/参照(R)] <0>:
```

1. 指定角度旋转

执行"修改"→"旋转"命令，选择图形对象后指定旋转基点，再输入相应的角度即可进行旋转操作。

📖 绘图技巧

在输入旋转角度的时候，用户可以输入正值也可以输入负值。负角度值转换为正角度值的方法是，用 360 减去负角度值的绝对值，如 -40° 转换为正角度值是 320°。

2. 根据参照物旋转

执行"修改"→"旋转"命令，选择图形对象后指定旋转基点，在命令行输入 R 命令，选定图形直线上的两个点，再选择参照物边线上的一点用于指定新的角度，如图 4-5、图 4-6 所示。

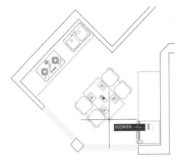

图 4-5 选定图形上的点

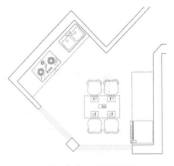

图 4-6 旋转效果

4.1.4 镜像图形

在施工图的绘制过程中，对称图形是非常常见的，在绘制好图形后，若使用"镜像"命令操作，即可得到一个相同且方向相反的图形，用户可以利用以下方法调用"镜像"命令：

- 执行"修改"→"镜像"命令。
- 在"默认"选项卡"修改"面板中，单击"镜像"按钮⚡。
- 在命令行输入 MIRROR 命令并按回车键。

命令行提示如下：

```
命令: _mirror
选择对象：找到 1 个
选择对象：
```

指定镜像线的第一点：
指定镜像线的第二点：
要删除源对象吗？[是(Y)/否(N)] <否>：

4.1.5 偏移图形

偏移图形是按照一定的偏移值将图形进行复制和位移，偏移后的图形和原图形的形状相同，如图 4-7 所示为向内偏移过的圆形和六边形。

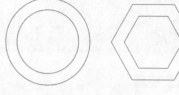

图 4-7 偏移图形

用户可以通过以下方式调用"偏移"命令：

● 执行"修改"→"偏移"命令。
● 在"默认"选项卡"修改"面板单击"偏移"按钮。
● 在命令行输入 OFFSET 命令并按回车键。

命令行提示如下：

```
命令：_offset
当前设置：删除源=否   图层=源   OFFSETGAPTYPE=0
指定偏移距离或 [通过(T)/删除(E)/图层(L)] <20.0000>：150
选择要偏移的对象，或 [退出(E)/放弃(U)] <退出>：
指定要偏移的那一侧上的点，或 [退出(E)/多个(M)/放弃(U)] <退出>：
```

绘图技巧

使用"偏移"命令时，如果偏移的对象是直线，则偏移后的直线大小不变；如果偏移的对象是圆、圆弧、矩形或折弯的多段线，其偏移后的对象将被缩小或放大。

实战——绘制休闲桌椅图形

下面利用"矩形""圆角""偏移""镜像""旋转"等命令绘制休闲桌椅图形，绘制步骤介绍如下。

Step 01 执行"绘图"→"矩形"命令，绘制边长 600mm 的矩形，如图 4-8 所示。

Step 02 执行"矩形"→"修改"→"偏移"命令，将矩形向内偏移 3mm，如图 4-9 所示。

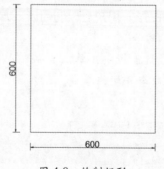

图 4-8 绘制矩形

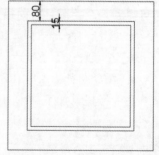

图 4-9 偏移图形

Step 03 执行"修改"→"圆角"命令,设置圆角半径为 60mm,对图形进行圆角操作,如图 4-10 所示。

Step 04 执行"直线"命令,绘制装饰线,绘制出桌子图形,如图 4-11 所示。

Step 05 执行"矩形"命令,绘制边长为 400mm 的正方形,如图 4-12 所示。

Step 06 执行"修改"→"圆角"命令,分别设置圆角半径为 20mm、200mm,对图形进行圆角操作,如图 4-13 所示。

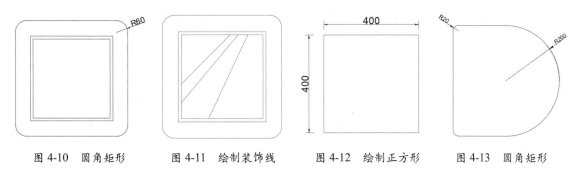

图 4-10　圆角矩形　　　　图 4-11　绘制装饰线　　　　图 4-12　绘制正方形　　　　图 4-13　圆角矩形

Step 07 将图形分解,再执行"修改"→"偏移"命令,将图形向外依次偏移 8mm、30mmm,如图 4-14 所示。

Step 08 执行"直线"命令,绘制直线完成座椅的绘制,再将图形移动到合适的位置,如图 4-15 所示。

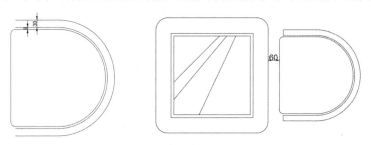

图 4-14　偏移图形　　　　　图 4-15　绘制直线并移动图形

Step 09 执行"修改"→"镜像"命令,镜像复制座椅图形,如图 4-16 所示。

Step 10 执行"修改"→"旋转"命令,选择座椅图形,以桌子中心点为旋转基点,再根据命令行提示输入命令 C,旋转并复制图形,完成休闲桌椅图形的绘制,如图 4-17 所示。

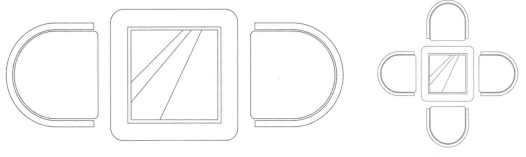

图 4-16　镜像复制图形　　　　　图 4-17　旋转并复制图形

4.1.6　阵列图形

阵列图形是一种有规则的图形复制命令,当绘制的图形需要按照有规则的分布时,就可以

使用阵列图形命令解决，阵列图形包括矩形阵列、环形阵列和路径阵列 3 种。用户可以通过以下方式调用"阵列"命令：

- 执行"修改"→"阵列"命令的子命令。
- 在"默认"选项卡"修改"面板中，单击"阵列"下拉按钮选择阵列方式。
- 在命令行输入 AR 命令并按回车键。

1. 矩形阵列

矩形阵列是指图形呈矩形结构阵列。执行矩形阵列命令后，功能区会出现相应的设置选项，如图 4-18 所示。

图 4-18　矩形阵列设置面板

2. 环形阵列

环形阵列是指图形呈环形结构阵列。在执行环形阵列后，功能区会显示关于环形阵列的选项，如图 4-19 所示。

图 4-19　环形阵列设置面板

3. 路径阵列

路径阵列是图形根据指定的路径进行阵列，路径可以是曲线、弧线、折线等线段。执行路径阵列后，功能区会显示关于路径阵列的相关选项，如图 4-20 所示。

图 4-20　路径阵列设置面板

4.1.7　倒角和圆角

倒角和圆角可以修饰图形，对于两条相邻的边界多出的线段，倒角和圆角都可以进行修剪。倒角是对图形相邻的两条边的夹角进行修饰，圆角则是通过指定圆弧半径对夹角进行修饰。如图 4-21 和图 4-22 所示分别为倒角和圆角操作后的效果。

1. 倒角

执行"倒角"命令可以将绘制的图形进行倒角，既可以修剪多余的线段还可以设置图形中两条边的倒角距离和角度。用户可以通过以下方式调用"倒角"命令：

- 执行"修改"→"倒角"命令。
- 在"默认"选项卡"修改"面板中单击"倒角"按钮⤵·。
- 在命令行输入 CHA 命令并按回车键。

执行"倒角"命令后，命令行提示如下：

```
命令：_chamfer
("修剪"模式) 当前倒角距离 1 = 0.0000，距离 2 = 0.0000
选择第一条直线或 [放弃(U)/多段线(P)/距离(D)/角度(A)/修剪(T)/方式(E)/多个(M)]：
```

2. 圆角

圆角是指通过指定的圆弧半径大小将图形的夹角部分光滑连接起来。圆角是倒角的一种表现形式。用户可以通过以下方式调用"圆角"命令：

- 执行"修改"→"倒角"命令。
- 在"默认"选项卡"修改"面板中单击"圆角"按钮⤵·。
- 在命令行输入 F 命令并按回车键。

执行"圆角"命令后，命令行提示如下：

```
命令：_fillet
当前设置：模式 = 修剪，半径 = 0.0000
选择第一个对象或 [放弃(U)/多段线(P)/半径(R)/修剪(T)/多个(M)]：
```

图 4-21　倒角图形

图 4-22　圆角图形

实战——绘制燃气灶图形

下面利用"矩形""圆""直线""偏移""镜像""阵列""修剪"等命令绘制一个燃气灶图形，绘制步骤介绍如下。

Step 01 执行"绘图"→"矩形"命令，绘制长 750mm、宽 440mm、圆角半径 20mm 的圆角矩形，如图 4-23 所示。

Step 02 执行"修改"→"偏移"命令，将矩形向内偏移 3mm，如图 4-24 所示。

图 4-23　绘制圆角矩形

图 4-24　偏移图形

Step 03 执行"绘图"→"圆"命令，绘制三个半径分别为 110mm、60mm、40mm 的同心圆，移动至合适的位置，如图 4-25 所示。

Step 04 执行"绘图"→"矩形"命令，绘制长 75mm、宽 5mm 的矩形，放置到合适的位置，如图 4-26 所示。

Step 05 执行"修改"→"阵列"→"环形阵列"命令，选择圆心为阵列中心，设置阵列项目数为 4，对矩形进行阵列复制，如图 4-27 所示。

Step 06 执行"修改"→"修剪"命令，修剪被覆盖的图形，如图 4-28 所示。

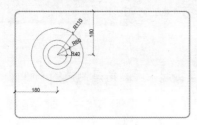
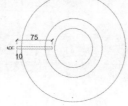
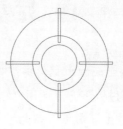

图 4-25　绘制同心圆　　　图 4-26　绘制矩形　　图 4-27　阵列复制图形　　图 4-28　修剪图形

Step 07 执行"绘图"→"圆"命令，绘制半径分别为 23mm、19mm 的同心圆，如图 4-29 所示。

Step 08 分别执行"绘图"→"直线"、"修改"→"偏移"命令，捕捉象限点绘制直线，再向两侧分别偏移 4mm，如图 4-30 所示。

Step 09 执行"修改"→"修剪"命令，修剪图形，如图 4-31 所示。

Step 10 执行"修改"→"圆角"命令，设置圆角半径为 2mm，对图形进行圆角操作，如图 4-32 所示。

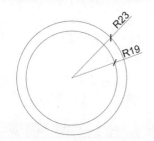
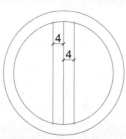

图 4-29　绘制同心圆　　　图 4-30　绘制并偏移直线　　　图 4-31　修剪图形　　　图 4-32　圆角操作

Step 11 移动图形到合适的位置，如图 4-33 所示。

Step 12 执行"修改"→"镜像"命令，以矩形上下边中线为镜像线镜像复制图形，如图 4-34 所示。

Step 13 执行"绘图"→"直线"命令，任意绘制斜直线并调整图形颜色，完成燃气灶图形的绘制，如图 4-35 所示。

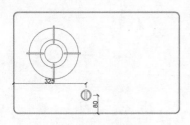
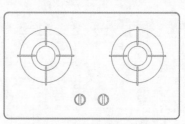
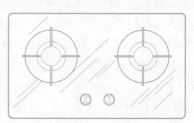

图 4-33　移动图形　　　　　图 4-34　镜像复制图形　　　　　图 4-35　完成绘制

4.1.8 缩放图形

在绘图过程中常常会遇到图形比例不合适的情况，这时就可以运用到缩放工具。缩放图形对象可以把图形对象相对于基点按比例缩放，同时也可以进行多次复制，如图 4-36、图 4-37 所示为台灯图形缩放前后的效果。

用户可以通过以下方式调用"缩放"命令：

● 执行"修改"→"缩放"命令。

● 单击"默认"选项卡中"修改"面板中的"缩放"按钮。

● 在命令行输入 SCALE 命令并按回车键。

命令行提示如下：

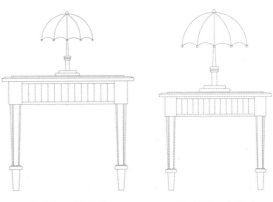

图 4-36　缩放前　　　　图 4-37　缩放后

```
命令：SCALE
选择对象：指定对角点：找到 1 个
选择对象：
指定基点：
指定比例因子或 [复制(C)/参照(R)]：1.5
```

4.1.9 拉伸图形

拉伸图形就是通过窗选或者多边形框选的方式拉伸对象，某些对象类型（例如圆、椭圆和块）无法进行拉伸操作。用户可以通过以下方式调用"拉伸"命令：

● 执行"修改"→"拉伸"命令。

● 在"默认"选项卡"修改"面板单击"拉伸"按钮。

● 在命令行输入 STRETCH 命令并按回车键。

命令行提示如下：

```
命令：_stretch
以交叉窗口或交叉多边形选择要拉伸的对象...
选择对象：指定对角点：找到 1 个
选择对象：
指定基点或 [位移(D)] <位移>：
指定第二个点或 <使用第一个点作为位移>：
```

绘图技巧

在进行拉伸操作时，块图形是不能被拉伸的。如要将其拉伸，需先将其进行分解。在选择拉伸图形时，通常需要利用窗交方式来选取图形。

4.1.10 延伸图形

利用延伸命令可以将指定的图形延伸到指定的边界。用户可以通过以下方式调用"延伸"命令：

● 执行"修改"→"延伸"命令。
● 在"默认"选项卡"修改"面板中单击"延伸"按钮 ─/ ▾。
● 在命令行输入 EXTEND 命令并按回车键。

命令行提示如下：

```
命令：_extend
当前设置：投影=UCS，边=无
选择边界的边...
选择对象或 <全部选择>：  找到 1 个
选择对象：
选择要延伸的对象，或按住 Shift 键选择要修剪的对象，或
[栏选(F)/窗交(C)/投影(P)/边(E)/放弃(U)]：
选择要延伸的对象，或按住 Shift 键选择要修剪的对象，或
[栏选(F)/窗交(C)/投影(P)/边(E)/放弃(U)]：
```

绘图技巧

使用延伸命令可以一次性选择多条要进行延伸的线段，要重新选择边界边只需按住 Shift 键然后将原来的边界对象取消即可。按 Ctrl+Z 快捷键可以取消上一次的延伸，按 Esc 键可退出延伸操作。

实战——绘制浴缸图形

下面利用"矩形""直线""圆""偏移""圆角""阵列"等命令绘制一个浴缸图形，绘制步骤介绍如下。

Step 01 执行"绘图"→"矩形"命令，绘制长 1800mm、宽 800mm 的矩形，如图 4-38 所示。
Step 02 执行"修改"→"偏移"命令，将矩形向内依次偏移 80mm、50mm，如图 4-39 所示。
Step 03 执行"修改"→"拉伸"命令，拉伸两端图形，效果如图 4-40 所示。

图 4-38 绘制矩形

图 4-39 偏移图形

图 4-40 拉伸图形

Step 04 执行"修改"→"圆角"命令，设置圆角半径，对图形进行圆角操作，具体圆角尺寸如图 4-41 所示。
Step 05 执行"绘图"→"圆"命令，绘制半径分别为 15mm 和 23mm 的同心圆，放置到合适的位置，如图 4-42 所示。
Step 06 执行"绘图"→"矩形"命令，绘制长 150mm、宽 120mm 的矩形，放置到合适的位置，如图 4-43 所示。

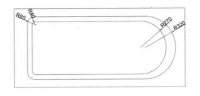

图 4-41　圆角矩形

图 4-42　绘制同心圆

图 4-43　绘制矩形

Step 07 将矩形分解，再执行"修改"→"修剪"命令，修剪被覆盖的图形，再执行"修改"→"偏移"命令，任意偏移图形，效果如图 4-44 所示。

Step 08 执行"矩形""圆"命令，绘制边长为 20mm 的正方形以及半径分别为 8mm、6mm 的同心圆，再将图形镜像复制，如图 4-45 所示。

Step 09 执行"直线""偏移"命令，绘制长 300mm 的直线，再偏移 30mm 的距离，完成浴缸图形的绘制，效果如图 4-46 所示。

图 4-44　分解并偏移图形

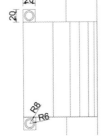

图 4-45　绘制矩形和圆

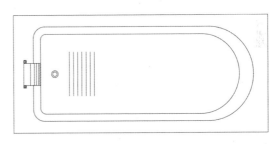

图 4-46　绘制完成

4.1.11　修剪图形

修剪命令是将某一对象作为剪切边修剪其他对象。用户可以通过以下方式调用"修剪"命令：

● 执行"修改"→"修剪"命令。

● 在"默认"选项卡中，单击"修改"面板的下拉按钮，在弹出的列表中单击"修剪"按钮 ⊦。

● 在命令行输入 TRIM 命令并按回车键。

命令行提示如下：

```
命令: _trim
当前设置:投影=UCS,边=无
选择剪切边...
选择对象或 <全部选择>: 找到 1 个
选择对象:
选择要修剪的对象,或按住 Shift 键选择要延伸的对象,或
[栏选(F)/窗交(C)/投影(P)/边(E)/删除(R)/放弃(U)]:
选择要修剪的对象,或按住 Shift 键选择要延伸的对象,或
[栏选(F)/窗交(C)/投影(P)/边(E)/删除(R)/放弃(U)]:
```

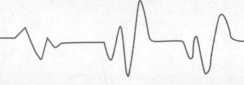
实战——绘制中式窗

下面利用"矩形""偏移""修剪"等命令绘制一个中式窗户图形。操作步骤介绍如下。

Step 01 执行"绘图"→"矩形"命令，绘制一个610mm×730mm的矩形，再执行"修改"→"偏移"命令，将矩形向内偏移50mm，如图4-47所示。

Step 02 执行"修改"→"分解"命令，将内部的矩形分解，再执行"修改"→"偏移"命令，依次偏移图形，偏移尺寸如图4-48所示。

Step 03 执行"修改"→"修剪"命令，修剪出窗格轮廓图形，如图4-49所示。

Step 04 执行"绘图"→"直线"命令，绘制四个角线，即可完成中式窗图形的绘制，如图4-50所示。

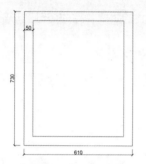  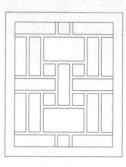 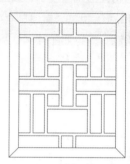

图4-47 绘制并偏移矩形　　图4-48 分解并偏移图形　　图4-49 修剪图形　　图4-50 完成绘制

4.2 图形图案的填充

为了使绘制的图形更加丰富多彩，用户有时会对封闭的图形进行图案填充。比如绘制顶棚布置图和地面材质图时都需要对图形进行图案填充。

4.2.1 图案填充

图案填充是一种使用图形图案对指定的图形区域进行填充的操作。用户可以通过以下方式调用"图案填充"命令：

- 执行"绘图"→"图案填充"命令。
- 在"默认"选项卡"修改"面板中单击"修改"下拉按钮，在弹出的列表中单击"编辑图案填充"按钮。
- 在命令行输入H命令并按回车键。

在进行图案填充前，首先需要进行相关参数的设置，用户既可以通过"图案填充创建"选项卡进行设置，如图4-51所示，也可以在"图案填充和渐变色"对话框中进行设置，如图4-52所示。

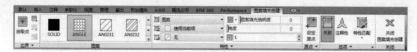

图4-51 "图案填充创建"选项卡

用户可以使用以下方式打开"图案填充和渐变色"对话框：

● 执行"绘图"→"图案填充"命令，打开"图案填充创建"选项卡。在"选项"面板中单击"图案填充设置"按钮 ⤡。

● 在命令行输入 H 命令按回车键，再输入 T 命令按回车键。

1. 类型和图案

该选项组用于设置图案类型、图案样例及图案颜色，用户可以通过以下几个选项进行设置。

（1）类型。

"类型"选项列表中包括预定义、用户定义、自定义 3 个选项，若选择"预定义"选项，则可以使用系统填充的图案；若选择"用户定义"选项，则可以定义由一组平行线或者相互垂直的两组平行线组成的图案；若选择"自定义"选项，则可以使用事先自定义的图案。

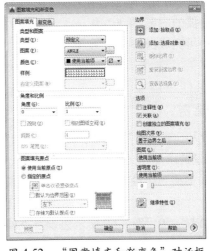

图 4-52 "图案填充和渐变色"对话框

（2）图案。

打开"图案"下拉列表框，即可选择图案名称，如图 4-53 所示。用户也可以单击"图案"右侧的按钮 ⌷，在"填充图案选项板"对话框预览并选择填充图案，如图 4-54 所示。

图 4-53 选择名称

图 4-54 预览图案

（3）颜色。

在"类型和图案"选项组"颜色"下拉列表中可指定颜色，如图 4-55 所示。若列表中并没有需要的颜色，可以选择"选择颜色"选项，打开"选择颜色"对话框，选择颜色，如图 4-56 所示。

图 4-55 设置颜色

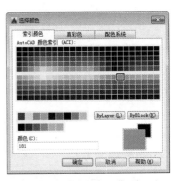

图 4-56 "选择颜色"对话框

（4）样例。

在"样例"选项中同样可以设置填充图案。单击"样例"选项框，如图 4-57 所示，弹出"填充图案选项板"对话框，从中选择需要的图案，单击"确定"按钮即可完成操作，如图 4-58 所示。

图 4-57　"样例"选项框

图 4-58　选择图案

2. 角度和比例

"角度和比例"选项组用于设置图案的角度和比例，该选项组可以通过两个方面进行设置。

（1）设置角度和比例。

当图案类型为"预定义"选项时，"角度"和"比例"列表框是激活状态，"角度"是指图案的填充比例，"比例"是指图案的填充比例。在选项框中输入相应的数值，就可以进行相关设置。如图 4-59、图 4-60 所示为设置不同的角度和比例后的效果。

图 4-59　比例为 1、角度为 0

图 4-60　比例为 10、角度为 45

（2）设置角度和间距。

当图案类型为"用户定义"选项时，"角度"和"间距"列表框属于激活状态，用户可以设置角度和间距，如图 4-61 所示。

当勾选"双向"复选框时，平行的填充图案就会更改为互相垂直的两组平行线填充图案。图 4-62、图 4-63 所示为勾选"双向"复选框后的前后效果。

图 4-61　角度和间距

图 4-62　间距 100

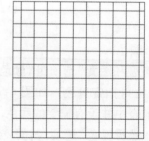

图 4-63　间距 100 并勾选"双向"

3. 图案填充原点

许多图案填充需要对齐填充边界上的某一点，在"图案填充原点"选项组中就可以设置图案填充原点的位置。设置原点位置包括"使用当前原点"和"指定的原点"两种选项，如图 4-64 所示。

（1）使用当前原点。

选择该选项，可以使用当前 UCS 的原点（0，0）作为图案填充的原点。

（2）指定的原点。

选择该选项，可以自定义原点位置，通过指定一点位置作为图案填充的原点。

● "单击以设置新原点"可以在绘图区指定一点作为图案填充的原点。

● "默认为边界范围"可以以填充边界的左上角、右上角、

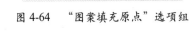

左下角、右下角和圆心作为原点。

图 4-64 "图案填充原点"选项组

● "存储为默认原点"可以将指定的原点存储为默认的填充图案原点。

4. 边界

该选项组主要用于选择填充图案的边界，也可以进行删除边界、重新创建边界等操作。

● "添加：拾取点"将拾取点任意放置在填充区域上，就会预览填充效果，如图 4-65 所示，单击鼠标左键，即可完成图案填充。

● "添加：选择对象"根据选择的边界填充图形，随着选择的边界增加，填充的图案面积也会增加，如图 4-66 所示。

● 在利用拾取点或者选择对象定义边界后，单击"删除边界"按钮，可以取消系统自动选取或用户选取的边界，形成新的填充区域。

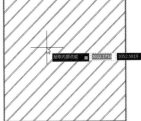

图 4-65 预览填充图案 　　　　图 4-66 选择边界效果

5. 选项

该选项组用于设置图案填充的一些附属功能，其中包括注释性、关联、创建独立的图案填充、绘图次序和继承特性等功能，如图 4-67 所示。

6. 孤岛

孤岛是指定义好的填充区域内的封闭区域。在"图案填充和渐变色"对话框中的右下角单击"更多选项"按钮，即可打开更多选项界面，如图 4-68 所示。

图 4-67 "选项"选项组 　　　图 4-68 更多选项界面

4.2.2 渐变色填充

渐变色填充是使用渐变颜色对指定的图形区域进行填充的操作，可创建单色或者双色渐变色填充图案。进行渐变色填充前，首先需要进行设置，用户既可以通过"图案填充创建"选项卡进行设置，如图 4-69 所示，又可以在"图案填充和渐变色"对话框中进行设置。

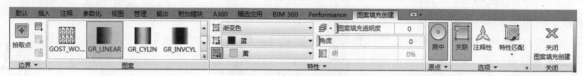

图 4-69　渐变色填充

在命令行输入 H 命令按回车键，再输入 T 命令按回车键，打开"图案填充和渐变色"对话框，切换到"渐变色"选项卡，如图 4-70、图 4-71 所示分别为单色渐变色的设置面板和双色渐变色的设置面板。

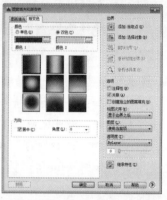

图 4-70　"单色"设置面板　　　图 4-71　"双色"设置面板

知识拓展

在进行渐变色填充时，用户可对渐变色进行透明度的设置。选中所需设置渐变色，在"图案填充创建"选项卡"特性"面板中拖动"图案填充透明度"滑块或在右侧文本框中输入数值即可。数值越大，颜色越透明。

🔊 实战——完善平面布置图

下面利用"直线""图案填充"等命令完善平面布置图。操作步骤介绍如下。

Step 01 打开素材图形文件，如图 4-72 所示。

Step 02 执行"绘图"→"直线"命令，捕捉绘制直线，封闭门洞，如图 4-73 所示。

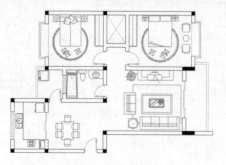
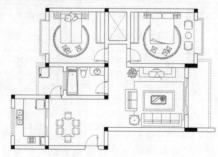

图 4-72　打开素材图形　　　　图 4-73　封闭门洞

Step 03 打开图层特性管理器,新建"填充"图层,设置颜色为9号灰色,并设置该图层为当前层,如图4-74
所示。

Step 04 执行"绘图"→"图案填充"命令,选择大理石图案,设置填充比例为150,填充飘窗平台及
厨房橱柜台面,如图4-75所示。

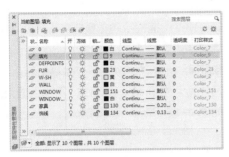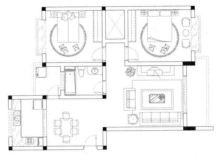

图 4-74　新建图层 　　　　　　　　　　　图 4-75　填充大理石图案

Step 05 执行"绘图"→"图案填充"命令,选择AR-CONC图案,选择过门石区域进行填充,如图4-76
所示。

Step 06 执行"绘图"→"图案填充"命令,选择DOLMIT图案,设置比例为20,填充卧室区域的木
地板图案,如图4-77所示。

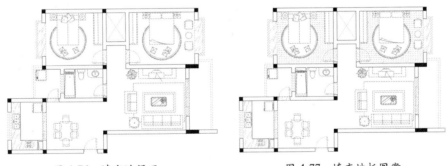

图 4-76　填充过门石 　　　　　　　　　　　图 4-77　填充地板图案

Step 07 执行"绘图"→"图案填充"命令,选择ANGLE图案,设置比例为40,填充厨房、卫生间以
及阳台区域的300×300地砖图案,如图4-78所示。

Step 08 执行"绘图"→"图案填充"命令,选择ANSI37图案,设置比例为255,填充客餐厅区域的
800×800地砖图案,完成本次操作,如图4-79所示。

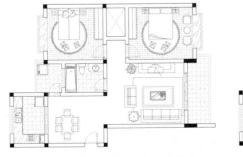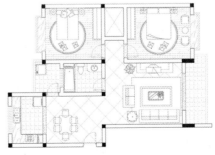

图 4-78　填充 300×300 地砖图案 　　　　　图 4-79　填充 800×800 地砖图案

综合演练 绘制双人床图形

实例路径：实例 \CH04\ 综合演练 \ 绘制双人床图形 .dwg
视频路径：视频 \CH04\ 绘制双人床图形 .avi

在学习了本章知识内容后，接下来通过具体案例练习来巩固所学的知识，以做到学以致用。本例的双人床图形主要利用了"直线""圆""圆弧"等命令进行绘制，下面具体介绍绘制方法。

Step 01 执行"绘图"→"直线"命令，绘制长 2050mm、宽 1500mm 的长方形，绘制出双人床轮廓，如图 4-80 所示。

Step 02 执行"修改"→"偏移"命令，依次偏移图形，偏移尺寸如图 4-81 所示。

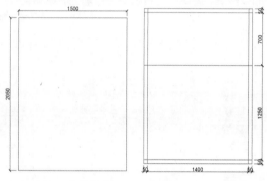

图 4-80 绘制长方形　　图 4-81 偏移图形

Step 03 执行"修改"→"修剪"命令，修剪图形，如图 4-82 所示。

Step 04 执行"修改"→"圆角"命令，设置圆角半径为 100mm，对图形进行圆角操作，如图 4-83 所示。

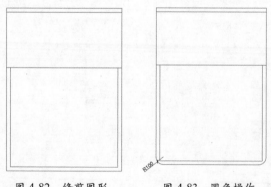

图 4-82 修剪图形　　图 4-83 圆角操作

Step 05 执行"绘图"→"直线"和"修改"→"旋转"命令，捕捉绘制垂直的中线，再以直线交点为旋转基点旋转 45°，如图 4-84 所示。

Step 06 执行"修改"→"偏移"命令，设置偏移尺寸为 250mm，偏移直线，再向上适当调整图形，如图 4-85 所示。

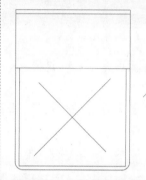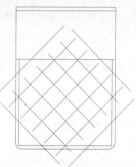

图 4-84 绘制并旋转直线　　图 4-85 偏移图形

Step 07 执行"修改"→"延伸"和"修改"→"修剪"命令，延伸图形并进行修剪，如图 4-86 所示。

Step 08 执行"绘图"→"矩形"命令，绘制 90mm×90mm 的正方形，再执行"绘图"→"圆弧"命令，绘制弧线，如图 4-87 所示。

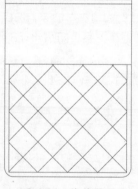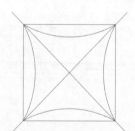

图 4-86 修剪图形　　图 4-87 绘制矩形和圆弧

Step 09 删除矩形，再执行"修改"→"复制"命令，复制弧线图形，如图 4-88 所示。

Step 10 执行"修改"→"修剪"命令，修剪边缘外的图形，绘制出双人床被子上的花纹，如图 4-89 所示。

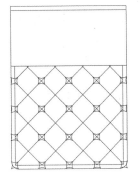
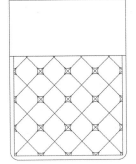

图 4-88 复制图形　　　　图 4-89 修剪图形

Step 11 执行"绘图"→"圆弧"命令，绘制两条弧线作为被子折叠的纹理，如图 4-90 所示。

Step 12 执行"修改"→"修剪"命令，修剪被覆盖的图形，如图 4-91 所示。

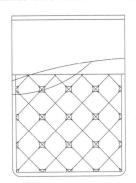
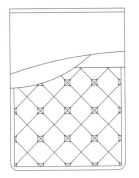

图 4-90 绘制圆弧　　　　图 4-91 修剪图形

Step 13 执行"绘图"→"矩形"命令，绘制长 1200mm、宽 320mm、圆角半径 80mm 的圆角矩形作为枕头，如图 4-92 所示。

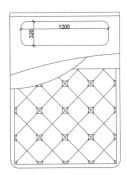

图 4-92 绘制圆角矩形

Step 14 执行"绘图"→"样条曲线"命令，绘制一条样条曲线，作为枕头花边，如图 4-93 所示。

Step 15 执行"绘图"→"矩形"和"修改"→"偏移"命令，绘制边长为 500mm 的正方形，再向内偏移 20mm，作为床头柜，如图 4-94 所示。

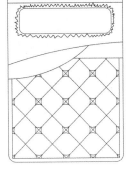
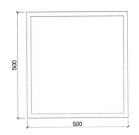

图 4-93 绘制样条曲线　　图 4-94 绘制并偏移矩形

Step 16 执行"绘图"→"直线"和"绘图"→"圆"命令，绘制两条相互垂直的长 300mm 的直线，再绘制两个半径分别为 100mm、80mm 的同心圆，作为灯具，如图 4-95 所示。

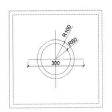

图 4-95 绘制直线和圆

Step 17 执行"修改"→"镜像"命令，将床头柜图形镜像复制到双人床的另一侧，完成双人床图形的绘制，如图 4-96 所示。

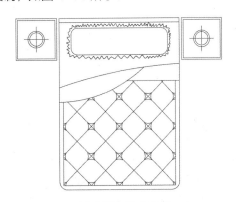

图 4-96 完成绘制

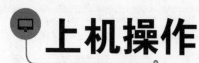

为了让读者能够更好地掌握本章所学习到的知识，在本小节列举几个针对于本章的拓展案例，以供读者练手。

1. 绘制衣橱立面图形

利用"直线""矩形""弧线""偏移""镜像""复制""图案填充"等命令绘制如图4-97所示的衣橱立面图形。

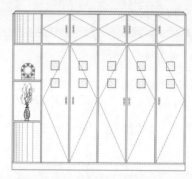

图4-97　绘制衣橱立面图形

⚠ **操作提示：**

Step 01〉利用"矩形""定数等分""直线""偏移"等命令绘制衣橱轮廓。

Step 02〉利用"直线""矩形""圆""图案填充""镜像"等命令绘制衣橱装饰图案。

Step 03〉添加小饰品图块，完成衣橱立面图形的绘制。

2. 绘制微波炉图形

利用"矩形""直线""圆""偏移""圆角""复制"等命令绘制如图4-98所示的微波炉图形。

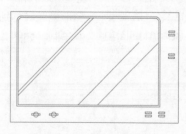

图4-98　绘制微波炉图形

⚠ **操作提示：**

Step 01〉利用"矩形""偏移""拉伸""圆角"等命令绘制微波炉轮廓。

Step 02〉利用"直线"命令绘制玻璃门装饰线。

Step 03〉利用"圆""矩形""复制"命令绘制微波炉上的按钮等图形。

第 5 章

图块的应用

如果图形中含有大量相同的图形，那么用户便可以把这些图形保存为图块进行调用。此外，还可以把已有的图形文件以参照的形式插入到当前图形中，或者通过 AutoCAD 设计中心使用和管理文件。通过对本章内容的学习，用户可熟悉并掌握图块以及动态块的创建及应用。

知识要点

- ▲ 创建图块
- ▲ 插入图块
- ▲ 编辑图块属性
- ▲ 块编写工具

5.1 图块的创建与编辑

图块是由一个或多个对象组成的对象集合，它将不同形状、线型、线宽和颜色的对象组合定义成块。利用图块可以减少大量重复的操作步骤，从而提高设计和绘图的效率。

5.1.1 创建图块

创建块就是将已有的图形对象定义为图块。图块分为内部图块和外部图块两种，内部块是跟随定义的文件一起保存的，存储在图形文件内部，只可以在存储的文件中使用，其他文件不能调用。

用户可以通过以下方式创建内部图块：

- 执行"绘图"→"块"→"创建"命令。
- 在"插入"选项卡"块定义"面板中单击"创建"按钮 。
- 在命令行输入 B 命令并按回车键。

执行以上任意一种方法均可以打开"块定义"对话框，如图 5-1 所示。

图 5-1 "块定义"对话框

绘图技巧

在室内设计中，家具、标高符号等图形都需要重复使用很多遍，如果先将这些图形创建成块，然后在需要的地方进行插入，这样绘图的速度则会大大提高。

实战——创建吊灯图块

下面将以创建吊灯图块为例，介绍创建块的方法。

Step 01 执行"绘图"→"块"→"创建"命令，打开"块定义"对话框。在"对象"选项组中单击"选择对象"按钮，如图5-2所示。

Step 02 返回绘图区，选择吊灯图形，如图5-3所示。

图 5-2　单击"选择对象"按钮

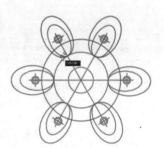

图 5-3　选择图形

Step 03 按回车键，返回"块定义"对话框，此时，选择的图形就会在"名称"列表框中显示出来。在"基点"选项组中单击"拾取点"按钮，如图5-4所示。

Step 04 返回绘图区，指定一点作为插入基点，如图5-5所示。

图 5-4　单击"拾取点"按钮

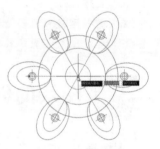

图 5-5　指定基点

Step 05 返回"块定义"对话框，在"名称"列表框中输入名称"吊灯"，完成块命名，如图5-6所示。

Step 06 单击"确定"按钮即可完成块的创建，在绘图区选择图形，即可预览图块的夹点显示状态，如图5-7所示。

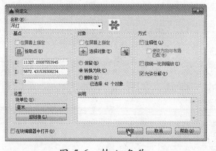

图 5-6　输入名称

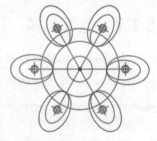

图 5-7　完成块的创建

5.1.2　存储图块

存储块是指将图形存储到本地磁盘，在绘图过程中可以根据需要将块插入到其他图形文件中。用户可以通过以下方式创建外部图块：

● 在"默认"选项卡"块定义"面板中单击"写块"按钮。

● 在命令行输入 W 命令并按回车键。

执行以上任意一种方法即可打开"写块"对话框，如图 5-8 所示。

图 5-8　"写块"对话框

知识拓展

　　"定义块"和"写块"都可以将对象转换为块对象，但是两者之间还是有区别的。"定义块"创建的块对象只能在当前文件中使用，不能用于其他文件。"写块"创建的块对象是独立的图形文件，可以用于其他文件。对于经常使用的图像对象，特别是标准间一类的图形可以将其保存为独立的块对象，下次使用时直接调用该文件，可以大大提高工作效率。

实战——创建洗手盆图块

下面将以存储洗手盆图块为例，介绍写块的创建方法。

Step 01 在命令行输入 W 命令并按回车键，打开"写块"对话框，在"对象"选项组中单击"选择对象"按钮，如图 5-9 所示。

Step 02 返回绘图区选择洗手盆图形对象，如图 5-10 所示。

Step 03 按回车键后返回对话框，再单击"拾取点"按钮，如图 5-11 所示。

　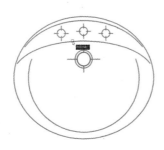　

图 5-9　单击"选择对象"按钮　　图 5-10　选择图形对象　　图 5-11　单击"拾取点"按钮

Step 04 返回绘图区指定图形的插入基点，如图 5-12 所示。

Step 05 单击"文件名和路径"下拉列表框右侧的按钮，打开"浏览图形文件"对话框，设置图块文件名及路径，如图 5-13 所示。

Step 06 返回到"写块"对话框，单击"保存"按钮完成设置，如图 5-14 所示。

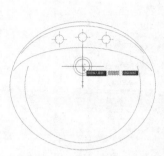

图 5-12 指定插入基点	图 5-13 设置图块名称和保存路径	图 5-14 返回"写块"对话框

Step 07 返回到"写快"对话框，单击"确定"按钮即可完成存储图块的操作。

5.1.3 插入图块

当图形被定义为块之后，就可以使用"插入块"命令将图形插入到当前图形中。用户可以通过以下方式插入图块：

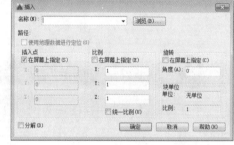

- 执行"插入"→"块"命令。
- 在"插入"选项卡"块"面板中单击"插入"按钮。
- 在命令行输入 I 命令并按回车键。

执行以上任意一种方法即可打开"插入"对话框，选择图块，单击"确定"按钮即可插入图块，如图 5-15 所示。

图 5-15 "插入"对话框

绘图技巧

在插入图块时，用户可使用"定数等分"或"测量"命令进行图块的插入。但这两种命令只能用在内部图块的插入，而无法对外部图块进行操作。

5.2 编辑图块属性

在 AutoCAD 中，除了可以创建普通的块，还可以创建带有附加信息的块，这些信息被称为属性。用户利用属性可以跟踪类似于零件数量和价格等信息的数据，属性值既可以是可变的，也可以是不可变的。

5.2.1 创建属性

文字对象等属性包含在块中，若要对块进行编辑和管理，就要先创建块的属性，使属性和图形一起定义在块中，才能在后期进行编辑和管理。

用户可以通过以下方式创建属性：

● 执行"绘图"→"块"→"定义属性"命令。

● 在"插入"选项卡"块定义"面板中单击"定义属性"按钮 。

● 在命令行输入 ATTDEF 命令并按回车键。

执行以上任意一种方法均可以打开"属性定义"对话框，如图 5-16 所示。

图 5-16　"属性定义"对话框

5.2.2　编辑块的属性

定义块属性后，插入块时，如果不需要属性完全一致的块，就需要对块进行编辑操作。在"增强属性编辑器"对话框中可以对图块属性进行编辑。

用户可以通过以下方式打开"增强属性编辑器"对话框：

● 执行"修改"→"对象"→"属性"→"单个"命令，根据提示选择块。

● 在命令行输入 EATTEDIT 命令并按回车键，根据提示选择块。

● 双击创建好的属性图块。

执行以上任意一种方法即可打开"增强属性编辑器"对话框，如图 5-17 所示。

图 5-17　"增强属性编辑器"对话框

5.2.3　块属性管理器

在"插入"选项卡"块定义"面板中单击"管理属性"按钮 ，即可打开"块属性管理器"对话框，用户可在该对话框中编辑定义好的属性图块，如图 5-18 所示。

单击"编辑"按钮打开"编辑属性"对话框，在该对话框中可以修改定义图块的属性，如图 5-19 所示。单击"设置"按钮，打开"块属性设置"对话框，从中可以设置属性信息的列出方式，如图 5-20 所示。

图 5-18　"块属性管理器"对话框

图 5-19　"编辑属性"对话框

图 5-20　"块属性设置"对话框

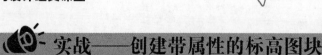

实战——创建带属性的标高图块

下面将以创建属性标高图块为例，介绍定义属性的方法。

Step 01 执行"绘图"→"直线"命令绘制一个标记符号，如图 5-21 所示。

Step 02 执行"绘图"→"块"→"定义属性"命令，打开"属性定义"对话框，设置各项参数，如图 5-22 所示。

Step 03 单击"确定"按钮返回绘图区，指定标记符号的基点，如图 5-23 所示。

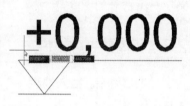

图 5-21　绘制标高符号　　　　图 5-22　设置参数　　　　图 5-23　指定基点

Step 04 设置完成后，在"插入"选项卡"块定义"面板中单击"写块"按钮，打开"写块"对话框，如图 5-24 所示。

Step 05 单击"选择对象"按钮，在绘图区中选择图形，如图 5-25 所示。

Step 06 按回车键返回到"写块"对话框，单击"拾取点"按钮，在绘图区中指定插入基点，如图 5-26 所示。

图 5-24　"写块"对话框　　　图 5-25　选择图形对象　　　图 5-26　指定插入基点

Step 07 单击确定插入点，返回到"写块"对话框，设置目标的文件名和路径，单击"确定"按钮即可，如图 5-27 所示。

Step 08 执行"插入"→"块"命令，打开"插入"对话框，单击"浏览"按钮，选择存储的图块，如图 5-28 所示。

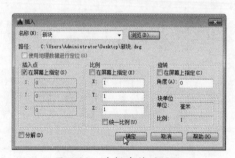

图 5-27　设置文件名和路径　　　　图 5-28　选择存储的图块

Step 09 单击"确定"按钮返回到绘图区中，为图块指定插入点，如图 5-29 所示。

Step 10 此时将弹出"编辑属性"对话框，在"编辑属性"对话框中输入新的标高值，如图 5-30 所示。

Step 11 单击"确定"按钮完成设置，这时绘图区就会显示设置后的标高，设如图 5-31 所示。

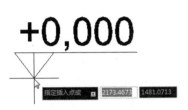

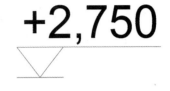

图 5-29　选择插入块　　　　图 5-30　设置标高　　　　图 5-31　设置标高效果

5.3　块编写工具

动态图块是带有可变量的块，和块相比多了参数与动作，从而具有灵活性和智能性。用户可以根据需要对块的整体或局部进行动态调整，通过参数和动作的配合，动态图块可以轻松实现移动、缩放、拉伸、翻转、阵列和查询等各种各样的动态功能。

用户可以通过以下方式对块进行编辑：

● 执行"工具"→"块编辑器"命令。

● 在"插入"选项卡"块定义"面板中单击"块编辑器"按钮。

● 在命令行输入 BEDIT 命令并按回车键。

● 鼠标双击图块。

执行以上任意一种方法均可以打开"编辑块定义"对话框，如图 5-32 所示。

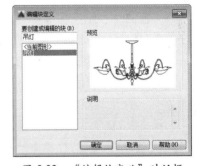

图 5-32　"编辑块定义"对话框

5.3.1　使用参数

向动态块添加参数可以定义块的自定义特性，指定几何图形在块中的位置、距离和角度。执行"插入"→"块定义"→"块编辑器"命令，打开"编辑块定义"对话框，选择所需定义的块后单击"确定"按钮即可打开"块编写选项板"面板。

下面将对该面板"参数"选项卡中的相关参数进行说明，如图 5-33 所示。

● 点：在图块中指定一处添加点参数，外观类似于坐标标注。

● 线性：显示两个目标之间的距离。

● 极轴：显示两个目标之间的距离和角度。可以使用夹点和"特性"选项板来共同更改距

77

离值和角度值。

- XY：显示指定夹点 X 轴距离和 Y 轴距离。
- 旋转：在图块中指定旋转点，定义旋转参数和旋转角度。
- 对齐：定义 X 轴位置、Y 轴位置和角度，对齐参数对应于整个块。该选项不需要设置动作。
- 翻转：用于翻转对象。翻转参数显示为投影线。
- 可见性：设置对象在图块中的可见性。该选项不需要设置动作，在图形中单击夹点即可显示参照中所有可见性状态的列表。
- 查寻：添加查寻参数，与查寻动作相关联并创建查询表，利用查询表查寻指定动态块的定义特性和值。
- 基点：指定动态块的基点。

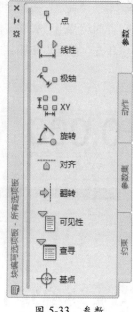

图 5-33　参数

5.3.2　使用动作

添加参数后，通过"动作"选项卡添加动作，才可以完成整个操作。单击"动作"标签打开"动作"选项卡，如图 5-34 所示，选项卡由移动、缩放、拉伸、极轴拉伸、旋转、翻转、阵列、查寻、块特性表 9 个动作组成。

下面具体介绍选项卡中各动作的含义。

- 移动：移动动态块，在点、线性、极轴、XY 等参数选项下可以设置该动作。
- 缩放：使图块进行缩放操作。在线性、极轴、XY 等参数选项下可以设置该动作。
- 拉伸：使对象在指定的位置移动和拉伸指定的距离，在点、线性、极轴、XY 等参数选项下可以设置该动作。
- 极轴拉伸：当通过"特性"选项板更改关联的极轴参数上的关键点时，该动作将使对象旋转、移动并拉伸指定的距离。在极轴参数选项下可以设置该动作。

- 旋转：使图块进行旋转操作。在旋转参数选项下可以设置该动作。
- 翻转：使图块进行翻转操作。在翻转参数选项下可以设置该动作。
- 阵列：使图块按照指定的基点和间距进行阵列。在线性、极轴、XY 等参数选项下可以设置该动作。
- 查寻：添加该动作并与查寻参数相关联后，将创建一个查询表，用户可以使用查询表指定动态的自定义特性和值。

图 5-34　"动作"选项卡

5.3.3　使用参数集

单击"参数集"标签,即可打开"参数集"选项卡,如图5-35所示。参数集是参数和动作的结合,在"参数集"选项卡中可以向动态块定义添加一对参数和动作,操作方法与添加参数和动作相同,参数集中包含的动作将自动添加到块定义中,并与添加的参数相关联。

- 点移动:添加点参数再设置移动动作。
- 线性移动:添加线性参数再设置移动动作。
- 线性拉伸:添加线性参数再设置拉伸动作。
- 线性阵列:添加线性参数再设置阵列动作。
- 线性移动配对:添加线性动作,此时系统会自动添加两个移动动作,一个与准基点相关联,一个与线性参数的端点相关联。
- 线性拉伸配对:添加带有两个夹点的线性参数再设置拉伸动作。
- 极轴移动:添加极轴参数再设置移动动作。

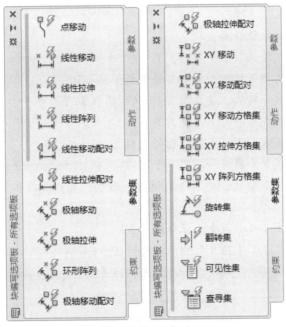

图 5-35　"参数集"选项卡

- 极轴拉伸:添加极轴参数再设置拉伸动作。
- 环形阵列:添加极轴参数再设置阵列动作。
- 极轴移动配对:添加极轴参数,系统会自动添加两个移动动作,一个与准基点相关联,一个与线性参数的端点相关联。
- 极轴拉伸配对:添加极轴参数,系统会自动添加两个拉伸动作,一个与准基点相关联,一个与线性参数的端点相关联。
- XY移动:添加XY参数再设置移动动作。
- XY移动配对:添加带有两个夹点的XY参数再设置移动动作。
- XY移动方格集:添加带有四个夹点的XY参数再设置移动动作。

- XY 拉伸方格集：添加带有四个夹点的 XY 参数和与每个夹点相关联的拉伸动作。
- XY 阵列方格集：添加 XY 参数，系统会自动添加与该 XY 参数相关联的阵列动作。
- 旋转集：指定旋转基点并设置半径和角度，再设置旋转动作。
- 翻转集：指定投影线的基点和端点，再设置翻转动作。
- 可见性集：添加可见性参数，该选项不需要设置动作。
- 查寻集：添加查寻参数再设置查询动作。

5.3.4 使用约束

约束分为几何约束和约束参数，几何约束主要是约束对象的形状以及位置，约束参数是将动态块中的参数进行约束，如图 5-36、图 5-37 所示。只有约束参数才可以编辑动态块的特性。约束后的参数包含参数信息，可以显示或编辑参数值。下面具体介绍选项卡中各选项的含义。

1. 几何约束

- 重合：约束两个点使其重合。
- 垂直：约束两条线段保持垂直状态。
- 平行：约束两条线段保持水平状态。
- 相切：约束两条曲线保持相切或与其延长线保持相切。
- 水平：约束一条线一对点，使其与当前 UCS 的 X 轴保持水平。
- 竖直：约束一条直线或一对点，使其与当前 UCS 的 Y 轴平行。
- 共线：约束两条直线位于一条无限长的直线上。
- 同心：约束两个或多个圆保持在同一个圆心。
- 平滑：约束一条样条曲线，使其与其他样条曲线、直线、圆弧、或多段线彼此相连并保持 G2 连续性。
- 对称：约束两条线段或者两个点保持对称。
- 相等：约束两条线段和半径具有相同的属性值。
- 固定：约束一个点或一个线段在一个固定的位置上。

图 5-36　几何约束

2. 约束参数

● 对齐：约束一条直线的长度、两条直线之间的距离、一个对象上的一点与一条直线之间的距离以及不同对象上两点之间的距离。

● 水平：约束一条直线的长度或不同对象上两点之间在 X 轴方向上的距离。

● 竖直：约束一条直线的长度或不同对象上两点之间在 Y 轴方向上的距离。

● 角度：约束两条直线的夹角或圆弧夹角的角度值。

● 半径：约束图块的半径值。

● 直径：约束图块的直径值。

图 5-37　约束参数

综合演练　创建动态门图块

实例路径： 实例 \CH05\ 综合演练 \ 创建动态门图块 .dwg

视频路径： 视频 \CH05\ 创建动态门图块 .avi

　　在学习了本章知识内容后，接下来通过具体案例来巩固所学的知识，以做到学以致用。本例中将绘制一个动态门图块，下面具体介绍绘制方法。

Step 01 打开素材图形，如图 5-38 所示。

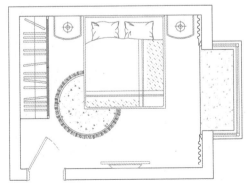

图 5-38　打开素材图形

Step 02 选择门图形，执行"绘图"→"块"→"创建"命令，打开"块定义"对话框，输入块名称，再指定基点，如图 5-39 所示。

图 5-39　"块定义"对话框

Step 03 单击"确定"按钮后返回绘图区，选择门图形，可以看到已经创建成块，如图 5-40 所示。

Step 04 双击门图块，打开"编辑块定义"对话框，单击"确定"按钮，如图 5-41 所示。

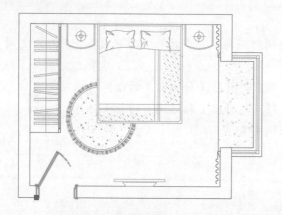

图 5-40　创建块

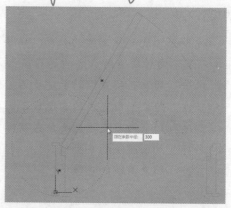

图 5-43　输入参数半径

图 5-41　"编辑块定义"对话框

Step 05 进入编辑状态，在"参数"选项卡中单击"旋转"按钮，在图形上指定旋转基点，如图5-42所示。

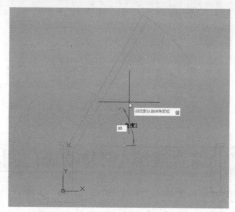

图 5-44　输入旋转角度

Step 08 按回车键再指定参数位置，完成旋转参数的创建，如图 5-45 所示。

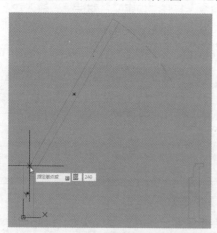

图 5-42　指定旋转基点

Step 06 根据提示指定参数半径，这里输入 300，如图 5-43 所示。

Step 07 按回车键后再移动光标，输入旋转角度30°，如图 5-44 所示。

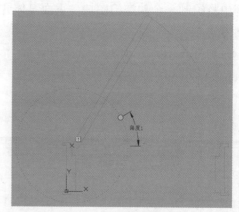

图 5-45　创建旋转参数

Step 09 在"动作"选项卡中单击"旋转"按钮，根据提示选择旋转参数，再选择旋转对象，如图 5-46 所示。

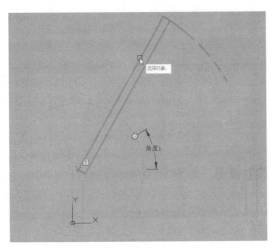

图 5-46　选择旋转参数和旋转对象

Step 10 按回车键完成旋转动作的创建，如图 5-47 所示。

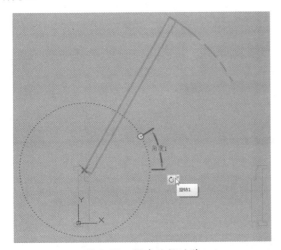

图 5-47　创建旋转动作

Step 11 单击"关闭块编辑器"按钮，系统会弹出提示，保存更改，如图 5-48 所示。

Step 12 选择门图块，可以看到图块上显示一个蓝色的原点，也就是旋转动作的操作图标，如图 5-49 所示。

图 5-48　保存更改

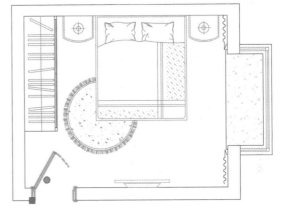

图 5-49　选择图块

Step 13 单击原点并移动鼠标，即可对门扇进行旋转操作，如图 5-50 所示。

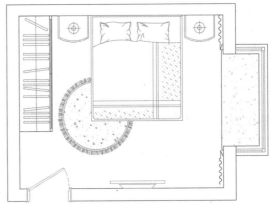

图 5-50　旋转门图块

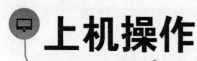
上机操作

为了让读者能够更好地掌握本章所学习到的知识，在本小节列举几个针对于本章的拓展案例，以供读者练手。

1. 完善玄关立面图

为玄关立面图插入花瓶等摆设图块，以完善玄关立面图，如图 5-51 所示。

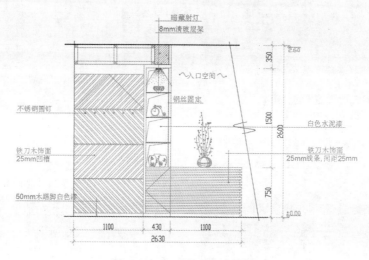

图 5-51　完善玄关立面图形

⚠ **操作提示：**

Step 01 利用"插入"→"块"命令，插入花瓶图块。

Step 02 按照同样的操作方法插入其他图块。

2. 绘制方向指示符

绘制如图 5-52 所示的方向指示符图形，并为其创建属性。

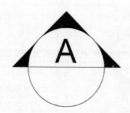

图 5-52　绘制带属性的方向指示符

⚠ **操作提示：**

Step 01 利用"矩形""直线""圆""图案填充"等命令绘制方向指示符。

Step 02 为方向指示符创建属性。

第6章

尺寸标注的应用

尺寸标注是工程图中的一项重要内容，主要用于描述设计对象各组成部分的大小及相对位置关系，是实际生产的重要依据。通过添加尺寸标注可以显示图形的数据信息，使用户清晰有序地查看图形的真实大小和相互位置，方便后期施工。本章将介绍标注样式的创建和设置、尺寸标注的添加，快速引线的应用，以及尺寸标注的编辑等。

知识要点

- ▲ 标注的组成要素
- ▲ 标注样式的新建与设置
- ▲ 常用标注类型
- ▲ 快速引线
- ▲ 编辑尺寸标注

6.1 标注基本知识

尺寸标注是描述图形的大小和相互位置的工具，AutoCAD 软件为用户提供了完整的尺寸标注功能。本节将对尺寸标注的基本规则和要素等内容进行介绍。

6.1.1 标注的组成要素

一个完整的尺寸标注由尺寸界线、尺寸线、箭头和标注文字组成，如图 6-1 所示。

下面介绍尺寸标注中基本要素的作用与含义。

● 箭头：用于显示标注的起点和终点，箭头的表现方法有很多种，可以是斜线、块或其他用户自定义符号。

● 尺寸线：显示标注的范围，一般情况下与图形平行。在标注圆弧和角度时是圆弧线。

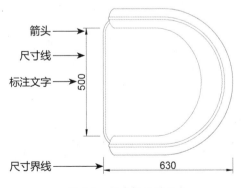

图 6-1　尺寸标注的组成

- 标注文字：显示标注所属的数值，用来反映图形的尺寸，数值前会带有相应的标注符号。
- 尺寸界线：也称为投影线。一般情况下与尺寸线垂直，特殊情况下可将其倾斜。

6.1.2 尺寸标注的规则

在进行尺寸标注时，应遵循以下几个规则：

（1）建筑图像中的每个尺寸一般只标注一次，且标注在最容易查看物体相应结构特征的图形上。

（2）在进行尺寸标注时，若使用的单位是 mm，则不需要注明计算单位和名称，若使用其他单位，则需要注明相应的代号或名称。

（3）尺寸的配置要合理，功能尺寸应该直接标注，尽量避免在不可见的轮廓线上标注尺寸，数字之间不允许有任何图线穿过，必要时可以将图线断开。

（4）图形上所标注的尺寸数值应是工程图完工的实际尺寸，否则需要另外说明。

知识拓展

绘图时除了画出物体及其各部分的形状外，还必须准确地、详尽地、清晰地标注尺寸，以确定其大小，作为施工时的依据。

6.2 尺寸标注的设置与应用

尺寸标注是 CAD 制图中重要的组成部分，也是直接影响图纸整体美观度的重要因素。因此，如果想要图纸更加美观、工整，合理的标注样式以及恰到好处的尺寸标注是非常关键的。

6.2.1 新建标注样式

标注样式有利于控制标注的外观，通过创建和设置标注样式，可以使标注更加整齐。在"标注样式管理器"对话框中可以创建新的标注样式，如图 6-2 所示。

用户可以通过以下方式打开"标注样式管理器"对话框：

- 执行"格式"→"标注样式"命令。
- 在"默认"选项卡"注释"面板中单击"注释"按钮 。
- 在"注释"选项卡"标注"面板中单击右下角的箭头。
- 在命令行输入 DIMSTYLE 命令并按回车键。

图 6-2 "标注样式管理器"对话框

如果标注样式中没有需要的样式类型，用户可以进行新建标注样式操作。在"标注样式管理器"对话框中单击"新建"按钮，将打开"创建新标注样式"对话框，如图 6-3 所示。输入新的样式名再单击"继续"按钮，即可打开"新建标注样式"对话框。

图 6-3　"创建新标注样式"对话框

6.2.2　设置标注样式

在创建标注样式后，我们可以编辑所创建的标注样式，在"新建标注样式"对话框中可以对相应的选项卡进行编辑，如图 6-4 所示。

该对话框由"线""符号和箭头""文字""调整""主单位""换算单位""公差" 6 个选项卡组成。下面将对各选项卡的功能进行介绍。

● 线：该选项卡用于设置尺寸线和尺寸界线的一系列参数。

● 符号和箭头：该选项卡用于设置箭头、圆心标记、折线标注、弧长符号、半径折弯标注的一系列参数。

图 6-4　"新建标注样式"对话框

● 文字：该选项卡用于设置文字的外观、位置和对齐方式。

● 调整：该选项卡用于设置箭头、文字、引线和尺寸线的放置方式。

● 主单位：该选项卡用于设置标注单位的显示精度和格式，并可以设置标注的前缀和后缀。

● 换算单位：该选项卡用于设置标注测量值中换算单位的显示并设定其格式和精度。

● 公差：该选项卡用于设置指定标注中公差的显示及格式。

知识拓展

在"标注样式管理器"对话框中，除了可对标注样式进行编辑修改外，也可以进行重命名、删除和置为当前等管理操作。用户只需右击需管理的标注样式，在快捷列表中，选择相应的选项即可。

6.2.3　绘图常用尺寸标注

尺寸标注分为线性标注、对齐标注、角度标注、弧长标注、半径标注、直径标注、快速标注、连续标注及引线标注等，下面将介绍室内施工图中常用标注的创建方法。

1. 线性标注

线性标注用于标注图形对象的线性距离或长度，包括垂直、水平和旋转 3 种类型。水平标注用于标注对象上的两点在水平方向上的距离，尺寸线沿水平方向放置；垂直标注用于标注对象上的两点在垂直方向的距离，尺寸线沿垂直方向放置；旋转标注用于标注对象上的两点在指定方向上的距离，尺寸线沿旋转角度方向放置。用户可以通过以下方式调用"线性"标注命令：

● 执行"标注"→"线性"命令。

● 在"注释"选项卡"标注"面板中单击"线性"按钮囗。

● 在命令行输入 DIMLINEAR 命令并按回车键。

调用"线性"标注命令后，捕捉标注对象
的两个端点，再根据提示向水平或者垂直方向
指定标注位置即可，如图 6-5 所示。

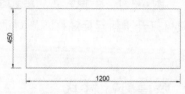

图 6-5 线性标注效果

知识拓展

在进行线性标注时，特别是对于经确定比较高的情况，在选择标注对象的点时，可以在"草图设置"对话框中选择一种精确的约束方式来约束点，然后在绘图窗口中选择点来限制对象的选择。用户也可以滚动鼠标中键来调整图形的大小，以便于选择对象的捕捉点。

2. 对齐标注

对齐标注可以创建与标注的对象平行的尺寸，也可以创建与指定位置平行的尺寸。对齐标注的尺寸线总是平行于两个尺寸延长线的原点连成的直线。用户可以通过以下方法调用"对齐"标注命令。

● 执行"标注"→"对齐"命令。

● 在"注释"选项卡"标注"面板中单击"对齐"按钮囗。

● 在命令行输入 DIMALIGNED 命令并回车键。

调用"对齐"标注命令后，捕捉标注对象
的两个端点，再根据提示指定标注位置即可，
如图 6-6 所示。

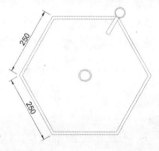

图 6-6 对齐标注效果

知识拓展

线性标注和对齐标注都用于标注图形的长度。前者主要用于标注水平和垂直方向的直线长度；而后者主要用于标注倾斜方向上直线的长度。

3. 角度标注

角度标注是用来测量两条或三条直线的之间的角度，也可以测量圆或圆弧的角度。
用户可以通过以下方式调用"角度"标注的方法：

● 执行"标注"→"角度"命令。

● 在"注释"选项卡"标注"面板中单击"角度"
按钮△。

● 在命令行输入DIMANGULAR命令并按回车键。

调用"角度"标注命令后，捕捉需要测量夹角的两
条边，再根据提示指定标注位置即可，如图6-7所示。

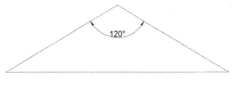

图6-7 角度标注效果

知识拓展

在进行角度标注时，选择尺寸标注的位置很关键，当尺寸标注放置在当前测量角度之外，此时
所测量的角度则是当前角度的补角。

4. 弧长标注

弧长标注用于标注指定圆弧的长度，它可以标注圆弧和半圆的尺寸。用户可以通过以下方
式调用"弧长"标注命令：

● 执行"标注"→"弧长"命令。

● 在"注释"选项卡"标注"面板中单击"弧长"
按钮 。

● 在命令行输入 DIMARC 命令并按回车键。

调用"弧长"标注命令后，选择圆弧，再根据提示
拖动鼠标指定标注位置即可，如图6-8所示。

图6-8 弧长标注效果

5. 半径/直径标注

半径/直径标注主要是标注圆或圆弧的半径/直径尺寸，用户可以通过以下方式调用"半
径"/"直径"标注命令：

● 执行"标注"→"半径"/"直径"命令。

● 在"注释"选项卡"标注"面板中单击"半径"按钮 /"直径"按钮 。

● 在命令行输入 DIMRADIUS 命令并按回车键进行半径标注，在命令行输入
DIMDIAMETER 命令并按回车键进行直径标注。

如图6-9、图6-10所示分别为半径标注和直径标注的效果。

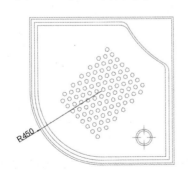

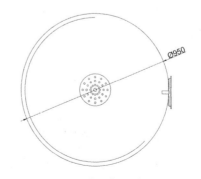

图6-9 半径标注效果　　　　　　　　图6-10 直径标注效果

知识拓展

在 AutoCAD 中标注圆或圆弧的半径或直径时，系统将自动在测量值前面添加 R 或 Ø 符号来表示半径和直径。但通常中文字体不支持 Ø 符号，所以在标注直径尺寸时，最好选用一种英文字体的文字样式，使直径符号得以正确显示。

6. 连续标注

连续标注是指连续进行线性标注、角度标注和坐标标注。在使用连续标记之前首先要创建线性标注、角度标注或坐标标注，创建其中一种标注之后再进行连续标注，它会根据之前创建标注的尺寸界线作为下一个标注的原点进行连续标记。

用户可以通过以下方式调用"连续"标注命令：

● 执行"标注"→"连续"命令。

● 在"注释"选项卡"标注"面板中单击"连续"按钮 ⊢⊢ 连续。

● 在命令行输入 DIMCONTINUE 命令并按回车键。

如图 6-11 所示为连续标注的效果。

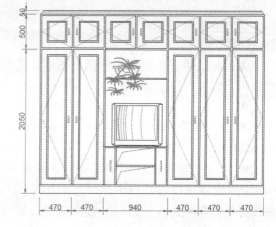

图 6-11　连续标注效果

实战——创建建筑尺寸标注

下面利用所学的标注知识为平面布置图创建建筑标注，具体绘制方法介绍如下。

Step 01 打开平面布置图，如图 6-12 所示。

Step 02 执行"格式"→"标注样式"命令，打开"标注样式管理器"对话框，如图 6-13 所示。

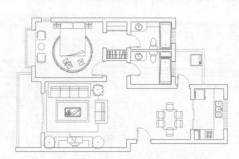

图 6-12　打开平面布置图

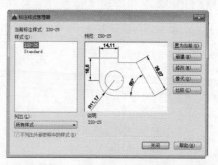

图 6-13　"标注样式管理器"对话框

Step 03 单击"修改"按钮，打开"修改标注样式"对话框，在"主单位"选项卡中设置单位精度为 0，如图 6-14 所示。

Step 04 切换到"调整"选项卡,选中"文字始终保持在尺寸界线之间"单选按钮,其余设置保持默认,如图 6-15 所示。

图 6-14　设置"主单位"选项卡

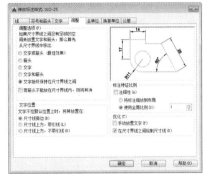

图 6-15　设置"调整"选项卡

Step 05 切换到"文字"选项卡,设置文字颜色为红色,文字高度为 160,文字从尺寸线偏移 10,如图 6-16 所示。

Step 06 切换到"符号和箭头"选项卡,设置箭头符号为"建筑标记",箭头大小为 80,如图 6-17 所示。

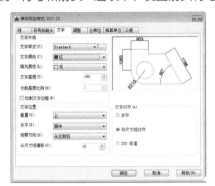

图 6-16　设置"文字"选项卡

图 6-17　设置"符号和箭头"选项卡

Step 07 切换到"线"选项卡,设置尺寸线和尺寸界线颜色为红色,超出尺寸线 80,固定尺寸界线长度为 250,如图 6-18 所示。

Step 08 设置完毕后,单击"确定"按钮返回到"标注样式管理器"对话框,再依次单击"置为当前""关闭"按钮,执行如图 6-19 所示。

图 6-18　设置"线"选项卡

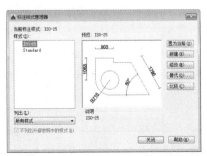

图 6-19　返回"标注样式管理器"对话框

> **Step 09** 执行"标注"→"线性"命令，创建第一个尺寸标注，如图 6-20 所示。

> **Step 10** 执行"标注"→"连续"命令，创建该方向上的连续标注，如图 6-21 所示。

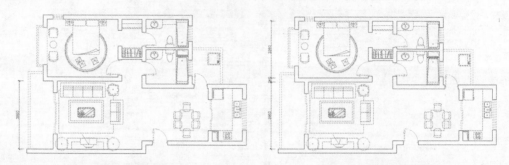

图 6-20　创建线性标注　　　　　　　　图 6-21　创建连续标注

> **Step 11** 继续执行"线性""连续"标注命令，完成建筑尺寸标注，如图 6-22 所示。

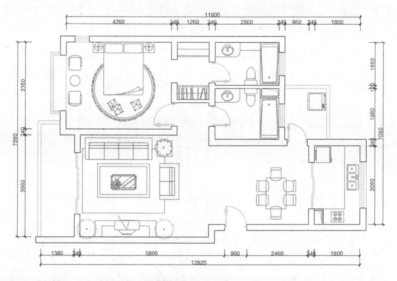

图 6-22　完成标注

6.2.4　快速引线

在绘图过程中，除了尺寸标注外，还有一样工具的运用是必不可少的，就是快速引线。在进行图纸的绘制时，为了清晰地表现出材料和尺寸，就需要将尺寸标注和引线标注结合起来，这样图纸才一目了然。

AutoCAD 2016 的菜单栏与功能面板中并没有快速引线，用户只能通过在命令行输入命令 Qleader 启用该命令，输入快捷键 LE 或 QL 命令也可。通过"快速引线"命令可以创建以下形式的引线标注。

1. 直线引线

调用"快速引线"命令，在绘图区中指定一点作为第一个引线点，再移动光标指定下一点，按回车键三次，输入注释文字即可完成引线标注，如图 6-23 所示。

2. 转折引线

调用"快速引线"命令，在绘图区中指定一点作为第一个引线点，再移动光标指定两点，按回车键两次，输入注释文字即可完成引线标注，如图 6-24 所示。

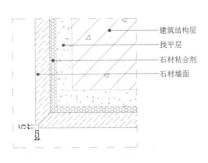

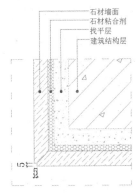

图 6-23 直线引线   图 6-24 转折引线

知识拓展

快速引线的样式设置同尺寸标注，也就是说，在"标注样式管理器"中创建好标注样式后，用户就可以直接进行尺寸标注与快速引线标注了。

另外也可以通过"引线设置"对话框创建不同的引线样式。调用快速引线命令，根据提示输入命令 s，按回车键即可打开"引线设置"对话框，在"附着"选项卡中勾选"最后一行加下划线"复选框，如图 6-25 所示，单击"确定"按钮关闭对话框，所创建的引线文字最后一行即会增加下一条下划线。

图 6-25 "引线设置"对话框

6.3 编辑尺寸标注

在 AutoCAD 中，用户可以编辑标注文本的位置，可以使用夹点及"特性"面板编辑尺寸标注，还可以更新尺寸标注。

6.3.1 编辑标注文本

在绘图过程中，标注文本也是必不可少的，如果创建的标注文本内容或位置没有达到要求，用户可以对其进行编辑调整。

1. 编辑标注文本的内容

在标注图形时，如果标注的端点不处于平行状态，那么测量的距离会出现不准确的情况，这时就需要对标注文本进行编辑。用户可以通过以下方式编辑标注文本内容：

- 执行"修改"→"对象"→"文字"→"编辑"命令。
- 在命令行输入 TEXTEDIT 命令并按回车键。
- 双击需要编辑的标注文字。

2. 调整标注文本位置

除了可以编辑文本内容之外，还可以调整标注文本的位置，用户可以通过以下方式调整标注文本的位置：

- 执行"标注"→"对齐文字"命令的子菜单命令，如图 6-26 所示。
- 选择标注，再将鼠标移动到文本位置的夹点上，在弹出的快捷菜单中进行操作，如图 6-27 所示。
- 在命令行输入 DIMTEDIT 命令并按回车键。

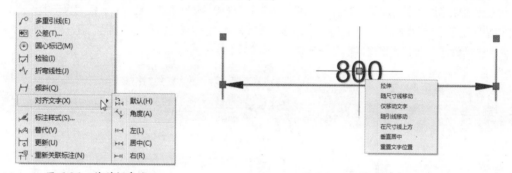

图 6-26　菜单栏命令　　　　　　　　图 6-27　快捷菜单命令

6.3.2　使用特性面板编辑尺寸标注

选择需要编辑的尺寸标注，单击鼠标右键，在弹出的快捷菜单中选择"特性"选项，即可打开"特性"面板，如图 6-28 所示。

编辑尺寸标注的特性面板由常规、其他、直线和线头、文字、调整、主单位、换算单位和公差 8 个卷轴栏组成，这些选项和"修改标注样式"对话框中的内容基本一致。下面具体介绍该面板中常用的选项。

1. 常规

该卷展栏主要设置尺寸线的外观显示，下面具体介绍各参数的含义。

- 颜色：设置标注尺寸的颜色。
- 图层：设置标注尺寸的图层位置。
- 线型：设置标注尺寸的线型。
- 线型比例：设置虚线或其他线段的线型比例。
- 线宽：设置标注尺寸的线宽。

● 透明度：设置标注尺寸的透明度。
● 超链接：指定到对象的超链接并显示超链接名或说明。
● 关联：指定标注是否是关联性。

图 6-28　"特性"面板

2. 其他

该卷展栏主要设置标注是否具有注释性。单击"标注样式"列表框，在弹出的下拉列表框中可以设置标注样式，单击"注释性"列表框，在弹出的下拉列表框内可以设置标注是否具有注释性。

3. 直线和箭头

该卷展栏主要设置标注尺寸的直线和箭头，下面主要介绍各参数的含义。

● 箭头 1 和箭头 2：设置尺寸线的箭头符号，单击该列表框，在弹出的下拉列表框中可以设置箭头的符号。
● 箭头大小：设置箭头的大小。
● 尺寸线线宽：设置尺寸线的线宽，单击该列表，在弹出的下拉列表框中可以设置线宽。
● 尺寸界线线宽：设置尺寸界线的线宽。
● 尺寸线 1 和尺寸线 2：控制尺寸线的显示和隐藏。
● 尺寸线颜色：设置尺寸线的颜色。
● 尺寸界线 1 和尺寸界线 2：控制尺寸界线的显示和隐藏。
● 固定的尺寸界线：单击该列表框，在弹出的列表内可以设置尺寸线是否是固定的尺寸。
● 尺寸界线的固定长度：当"固定尺寸界线"为开时，将激活该选项框，在其中可以设置尺寸界线的固定长度值。
● 尺寸界线颜色：设置尺寸界线的颜色。

4. 文字

该卷展栏主要设置标注文字的显示。下面具体介绍各参数的含义。

● 文字高度：设置标注中文字的高度。
● 文字偏移：指定在打断尺寸线、放入标注尺寸文字时，文字与尺寸线之间的距离。
● 水平放置文字：设置水平文字的对齐方式。
● 垂直放置文字：设置文字相对于尺寸线的垂直距离。
● 文字样式：设置文字的显示样式。
● 文字旋转：设置文字的旋转角度。

5. 调整

该卷展栏主要设置箭头、文字、引线和尺寸线的放置方式及显示。

6. 主单位

该卷展栏主要设置标注单位的显示精度和格式，并可以设置标注的前缀和后缀。下面介绍各参数的含义。

● 小数分隔符：在该选项框内可以设置标注中小数分隔符。
● 标注前缀和标注后缀：设置标注文字前缀。
● 标注辅单位：设置所适用的线性标注在更改为辅单位时的文字后缀。
● 标注单位：单击该列表框，可以在展开的列表中设置标注单位。
● 精度：设置标注的精度显示。单击该列表框，可以在展开的列表中设置精度。

6.3.3　更新尺寸标注

更新尺寸标注是指用选定的标注样式更新标注对象，用户可以通过以下方式更新尺寸标注：
● 执行"标注"→"更新"命令。
● 在"注释"选项卡"标注"面板中单击"更新"按钮。
● 在命令行输入 DIMSTYLE 命令并按回车键。

综合演练　标注酒柜立面图

实例路径: 实例\CH06\综合演练\标注酒柜立面图.dwg
视频路径: 视频\CH06\标注酒柜立面图.avi

在学习了本章知识内容后，接下来通过具体案例练习来巩固所学的知识，以做到学以致用，为立面图添加尺寸标注及引线标注。下面具体介绍绘制方法。

Step 01 打开绘制好的立面图形，可以看到还缺少尺寸标注以及材料标注，如图 6-29 所示。

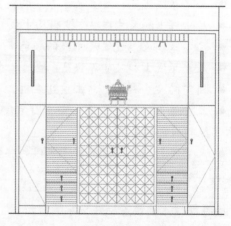

图 6-29　打开立面图

Step 02 执行"格式"→"标注样式"命令，打开"标
注样式管理器"对话框，如图6-30所示。

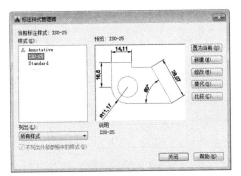

图 6-30 "标注样式管理器"对话框

Step 03 单击"新建"按钮，在打开的"创建新标
注样式"对话框中输入新样式名，再单击"继续"
按钮，如图6-31所示。

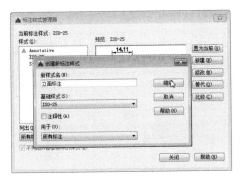

图 6-31 新建标注样式

Step 04 打开"修改标注样式"对话框，在"主单
位"选项卡设置单位精度为0；在"调整"选项卡
中选中"文字始终保持在尺寸界线之间"单选按钮，
再设置全局比例为25，如图6-32所示。

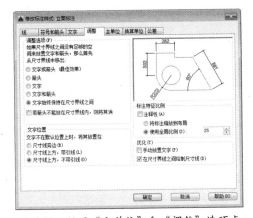

图 6-32 设置"主单位"和"调整"选项卡

Step 05 在"文字"选项卡中设置文字高度为2；
在"线"选项卡中设置超出尺寸线及起点偏移量皆
为1；在"符号和箭头"选项卡中设置箭头形式及
大小，如图6-33所示。

图 6-33 设置其他参数

Step 06 设置完成后关闭对话框，再设置为当前样
式，关闭"标注样式管理器"对话框，如图6-34
所示。

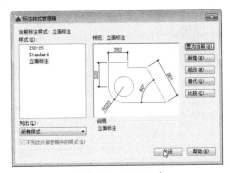

图 6-34 置为当前

Step 07 执行"标注"→"线性"命令，创建第一
个垂直方向上的尺寸标注，如图6-35所示。

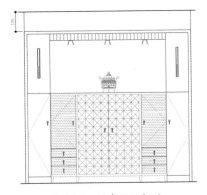

图 6-35 创建线性标注

Step 08 执行"标注"→"连续"命令，向下依次捕捉创建尺寸标注，如图 6-36 所示。

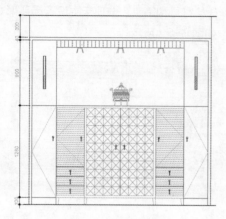

图 6-36　创建连续标注

Step 09 调整标注的尺寸界线以及标注位置，如图 6-37 所示。

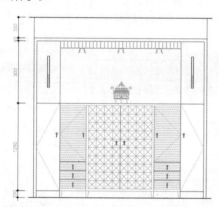

图 6-37　调整标注

Step 10 再执行"标注"→"线性"命令，标注总体高度，如图 6-38 所示。

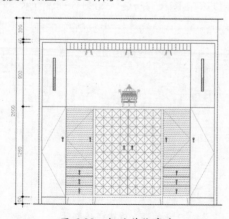

图 6-38　标注总体高度

Step 11 继续执行"线性""连续"命令，再标注立面图水平方向上的尺寸，如图 6-39 所示。

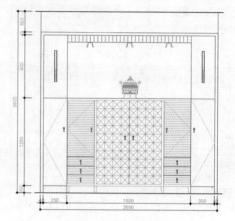

图 6-39　标注其他尺寸

Step 12 在命令行输入 QLEADER 命令，创建快速引线，如图 6-40 所示。

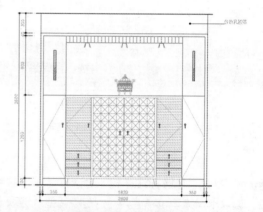

图 6-40　创建快速引线

Step 13 向下复制引线，如图 6-41 所示。

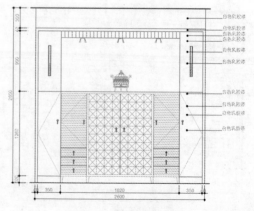

图 6-41　复制引线标注

Step 14 调整引线及注释内容，完成酒柜立面图的
绘制，如图 6-42 所示。

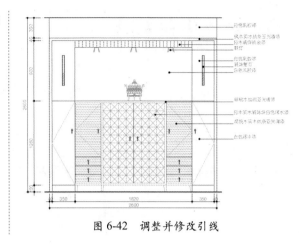

图 6-42　调整并修改引线

上机操作

为了让读者能够更好地掌握本章所学习到的知识，在本小节列举几个针对于本章的拓展案例，以供读者练手！

1. 标注平面布置图

为平面布置图标注尺寸并添加文字注释，如图 6-43 所示。

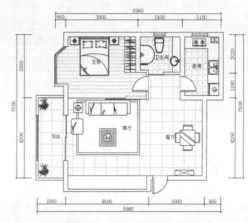

图 6-43　标注平面布置图

⚠ 操作提示：

Step 01 利用"线性""连续"命令创建尺寸标注。

Step 02 利用"多行文字"命令创建文字说明。

2. 标注服装店立面图

为服装店立面图添加尺寸标注和引线标注，如图 6-44 所示。

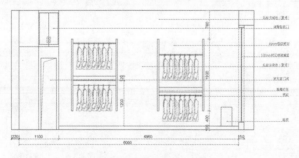

图 6-44　标注服装店立面图

⚠ 操作提示：

Step 01 利用"线性""连续"命令创建尺寸标注。

Step 02 利用"快速引线"命令创建引线注释。

第 **7** 章

文本与表格的应用

在施工图中除了进行图形的绘制外，还需要加上必要的注释，最常见的比如施工要求、尺寸、标题栏、明细表等。利用注释可以将某些图形难以表达的信息表达出来，这些注释是对施工图纸的必要补充。在 AutoCAD 中，通过文字和表格能可以注释进行充分的表达。本章将详细介绍这些功能，以方便用户操作。

知识要点

▲ 创建与管理文字样式　　　　　▲ 使用字段
▲ 单行文字与多行文字　　　　　▲ 表格的应用

7.1 文字样式

文字注释是绘图的最后一步，在进行注释之前，用户不仅可以创建和设置文字样式，还可以管理文字样式，从而更加快捷地对图形进行标注，得到统一和美观的效果。

7.1.1 创建文字样式

在实际绘图中，用户可以根据要求设置文字样式，这样可以使文字标注看上去更加美观和统一。文字样式包括设置字体、设置文字高度、设置宽度比例、设置文字显示等。

文字样式需要在"文字样式"对话框中进行设置，用户可以通过以下方式打开"文字样式"对话框，如图 7-1 所示。

图 7-1　"文字样式"对话框

● 执行"格式"→"文字样式"命令。

● 在"默认"选项卡"注释"面板中，单击下拉菜单按钮，在弹出的列表中单击"文字注释"按钮 。

● 在"注释"选项卡"文字"面板中单击右下角箭头 。

● 在命令行输入 ST 命令并按回车键。

其中，"文字样式"对话框中各参数的含义介绍如下。

● 样式：显示已有的文字样式。单击"所有样式"列表框右侧的三角符号，在弹出的列表中可以设置"样式"列表框是显示所有样式还是显示正在使用的样式。

● 字体：包含"字体名"和"字体样式"选项。"字体名"用于设置文字注释的字体。"字体样式"用于设置字体格式，例如斜体、粗体或者常规字体。

● 大小：包含"注释性""使文字方向与布局匹配"和"高度"选项，其中注释性用于设置文字具有注释性，高度用于设置字体的高度。

● 效果：修改字体的特性，如高度、宽度因子倾斜角以及是否颠覆显示。

● 置为当前：将选定的样式置为当前样式。

● 新建：创建新的样式。

● 删除：单击"样式"列表框中的样式名，会激活"删除"按钮，单击该按钮即可删除样式。

7.1.2 管理文字样式

如果在绘制图形时创建的文字样式太多，这时我们就可以通过"重命名"和"删除"来管理文字样式。

执行"格式"→"文字样式"命令，打开"文字样式"对话框，在文字样式上单击鼠标右键，然后选择"重命名"选项，输入"文字注释"后按回车键即可对样式名进行重命名，如图 7-2 所示，选中"文字注释"样式名，单击"置为当前"按钮，即可将其置为当前，如图 7-3 所示。

图 7-2　重命名文字样式

图 7-3　单击"置为当前"按钮

绘图技巧

单击"数字注释"样式名，此时，"删除"按钮被激活，单击"删除"按钮，如图 7-4 所示。在弹出的对话框中单击"确定"按钮（如图 7-5 所示），文字样式将被删除，设置完成后单击"关闭"按钮，即可完成设置操作。

图 7-4　单击"删除"按钮　　　　　　　　图 7-5　"acad 警告"对话框

7.2　创建与编辑文字

在施工图纸中，文字是图纸中一个很重要的部分，AutoCAD 中的文字分为单行文字和多行文字两种。

7.2.1　单行文字

单行文字主要用于创建简短的文本内容，按回车键即可将单行文本分为两行，它的每一行都是一个文字对象，并可对每个文字对象进行单独的修改。

1. 创建单行文字

用户可以通过以下方式调用"单行文字"命令：

● 执行"绘图"→"文字"→"单行文字"命令。

● 在"默认"选项卡"文字注释"面板中单击"单行文字"按钮A。

● 在"注释"选项卡"文字"面板中单击"下拉菜单"按钮，在弹出的列表中单击"单行文字"按钮A。

● 在命令行输入 TEXT 命令并按回车键。

执行"绘图"→"文字"→"单行文字"命令，在绘图区指定一点作为文字起点，根据提示输入高度为 50，角度为 0，并输入文字，在文字之外的位置单击鼠标左键及 Esc 键，即可完成创建，如图 7-6、图 7-7 所示。

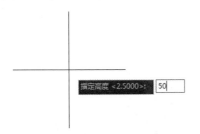
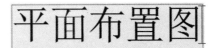

图 7-6　指定文字高度　　　　　　　　图 7-7　输入文字内容

命令行提示如下：

```
命令: _text
当前文字样式:  "Standard"  文字高度: 50.0000  注释性: 否  对正: 左
指定文字的起点 或 [对正(J)/样式(S)]:
指定高度 <50.0000>: 100
指定文字的旋转角度 <0>: 0
```

2. 编辑单行文字

用户可以执行 TEXTEDIT 命令编辑单行文本内容，还可以通过"特性"面板修改对正方式和缩放比例等。用户可以通过以下方式编辑文本：

- 执行"修改"→"对象"→"文字"→"编辑"命令。
- 在命令行输入 TEXTEDIT 命令并按回车键。
- 双击单行文本。

执行以上任意一种方法，即可对单行文字进行相应的修改。

7.2.2　多行文字

多行文本是一个或多个文本段落，每行文字都可以作为一个整体来处理，且每个文字都可以是不同的颜色和文字格式。

1. 创建多行文字

用户可以通过以下方式调用"多行文字"命令：

- 执行"绘图"→"文字"→"多行文字"命令。
- 在"默认"选项卡"文字注释"面板中单击"多行文字"按钮A。
- 在"注释"选项卡"文字"面板中单击"下拉菜单"按钮，在弹出的列表中单击"多行文字"按钮A。
- 在命令行输入 MTEXT 命令并按回车键。

执行"多行文字"命令后，在绘图区指定对角点，创建文本区域，输入多行文字后单击功能区右侧的"关闭文字编辑器"按钮，即可完成多行文本的创建，如图 7-8、图 7-9 所示。

图 7-8　指定对角点　　　　　　　　图 7-9　输入文字

命令行提示如下：

```
命令: _mtext
当前文字样式: "文字注释"  文字高度: 180  注释性: 否
指定第一角点:
指定对角点或 [高度(H)/对正(J)/行距(L)/旋转(R)/样式(S)/宽度(W)/栏(C)]:
```

2. 编辑多行文字

编辑多行文本和编辑单行文本的方法一致，用户可以利用 TEXTEDIT 命令编辑多行文本内容，还可以通过"特性"选项板修改对正方式和缩放比例等。

编辑多行文本的"特性"面板中，"文字"展卷栏内增加"行距比例""行间距""行距样式"和"背景遮罩"等选项，但缺少了"倾斜"和"宽度"选项，相应的"其他"选项组也消失了。

7.2.3 使用字段

施工图的绘制过程中经常会用到一些在设计过程中发生变化的文字和数据，比如说在图纸中引用的视图方向、修改设计中的建筑面积、重新编号后的图纸、更改后的出图尺寸和日期以及公式的计算结果等。

字段也是文字,等价于可以自动更新的"智能文字",设计人员在绘制过程中如果需要引用这些文字或数据，可以采用字段的方式引用，这样当字段所关联的文字或数据发生变化时，字段会自动更新，就不需要手动修改。

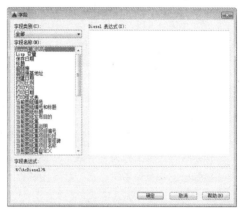

1. 插入字段

想要在文本中插入字段，可双击文本，进入多行文字编辑框，并将光标移至要显示字段的位置，其后单击鼠标右键，在快捷菜单中选择"插入字段"选项，在打开的"字段"对话框中选择合适的字段即可，如图 7-10 所示。

图 7-10　"字段"对话框

用户可单击"字段类别"下拉按钮，在打开的列表中选择字段的类别，其中包括打印、对象、其他、全部、日提和时间、图纸集、文档和已链接这 8 个类别选项，选择其中任意选项，则会打开与之相应的样例列表，并对其进行设置，如图 7-11、图 7-12 所示。

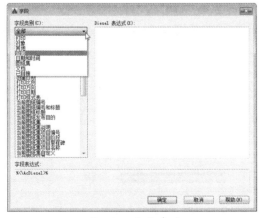

图 7-11　字段类别

图 7-12　选择样例

字段所使用的文字样式与其插入的文字对象所使用的样式相同。默认情况下，在 AutoCAD 中的字段将使用浅灰色进行显示。

2. 更新字段

字段更新时，将显示最新的值。用户可单独更新字段，也可在一个或多个选定文字对象中更新所有字段。通过以下方式可以进行更新字段的操作：

● 选择文本，单击鼠标右键，在快捷菜单中选择"更新字段"命令。
● 在命令行输入 UPD 命令并按回车键。
● 在命令行中输入 FIELDEVAL 命令并按回车键，根据提示输入合适的位码即可。该位码是常用标注控制符中任意值的和。如仅在打开、保存文件时更新字段，可输入数值 3。

常用标注控制符说明如下。

● 0 值：不更新。
● 1 值：打开时更新。
● 2 值：保存时更新。
● 4 值：打印时更新。
● 8 值：使用 ETRANSMIT 时更新。
● 16 值：重生成时更新。

绘图技巧

当字段插入完成后，如果想对其进行编辑，可选中该字段并单击鼠标右键，在快捷菜单中选择"编辑字段"选项，打开"字段"对话框并进行设置。如果想将字段转换成文字，可以右键单击所需字段，在弹出的快捷菜单中选择"将字段转换为文字"选项。

实战——为剖面图创建图示

下面将利用多段线、多行文字命令创建图示，绘制步骤如下。

Step 01 打开绘制好的剖面图，如图 7-13 所示。

Step 02 执行"绘图"→"多段线"命令，绘制长为 65mm、全局宽度为 2mm 的多段线，并进行复制，如图 7-14 所示。

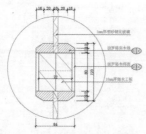

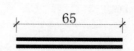

图 7-13　打开剖面图　　　　图 7-14　绘制并恢复多段线

Step 03 对下方多段线执行"分解"命令，如图 7-15 所示。

Step 04 执行"绘图"→"文字"→"多行文字"命令，创建文字注释，放置在多段线上方，设置文字高度为 8，字体为黑体，如图 7-16 所示。

Step 05 继续创建多行文字，设置文字高度为 6，字体为宋体，放置在多段线下方，完成图示的绘制，再将图示移动到剖面图下方合适的位置，如图 7-17 所示。

1-6 剖面图

图 7-15　分解多段线　　　　图 7-16　创建多行文字　　　　图 7-17　完成图示的绘制

7.3　表格的应用

　　表格是一种以行和列格式提供信息的工具，最常见的用法是绘制门窗表和其他一些关于材料、面积的表格。使用表格可以帮助用户清晰地表达一些统计数据。下面将介绍如何设置表格样式、创建和编辑表格以及调用外部表格等知识。

7.3.1　设置表格样式

　　在创建表格前要设置表格样式，方便之后调用。在"表格样式"对话框中可以选择设置表格样式的方式，用户可以通过以下方式打开"表格样式"对话框：

● 执行"格式"→"表格样式"命令。

● 在"注释"选项卡中，单击"表格"面板右下角的箭头。

● 在命令行输入 TABLESTYLE 命令并按回车键。

打开"表格样式"对话框，如图 7-18 所示，单击"新建"按钮，输入表格名称，再单击"继续"按钮，即可打开"新建表格样式"对话框，如图 7-19 所示。

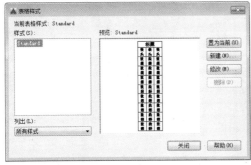

图 7-18　"表格样式"对话框

图 7-19　"新建表格样式"对话框

在"新建表格样式"对话框中，"单元样式"选项组"标题"下拉列表中包含"数据""标题"和"表头"3个选项，在"常规""文字"和"边框"3个选项卡中，可以分别设置"数据""标题"和"表头"的相应样式。

1. 常规

在"常规"选项卡中可以设置表格的颜色、对齐方式、格式、类型和页边距等特性。下面具体介绍该选项卡中各选项的含义。

- 填充颜色：设置表格的背景填充颜色。
- 对齐：设置表格文字的对齐方式。
- 格式：设置表格中的数据格式，单击右侧的 按钮，即可打开"表格单元格式"对话框，在对话框中可以设置表格的数据格式，如图 7-20 所示。
- 类型：设置是数据类型还是标签类型。
- 页边距：设置表格内容距边线的水平和垂直距离，如图 7-21 所示。

图 7-20　"表格单元格式"对话框

图 7-21　设置页边距

2. 文字

打开"文字"选项卡，在该选项卡中主要设置文字的样式、高度、颜色、角度等，如图 7-22 所示。

3. 边框

打开"边框"选项卡，在该选项卡可以设置表格边框的线宽、线型、颜色等选项，此外，还可以设置有无边框或是否是双线，如图 7-23 所示。

图 7-22　"文字"选项卡

图 7-23　"边框"选项卡

7.3.2 创建与编辑表格

在 AutoCAD 中可以直接创建表格对象，而不需要单独用直线绘制表格，创建表格后可以进行编辑操作。

1. 创建表格

用户可以通过以下方式调用"表格"命令：

● 执行"绘图"→"表格"命令。
● 在"注释"选项卡"表格"面板中单击"表格"按钮▦。
● 在命令行输入 TABLE 命令并按回车键。

打开"插入表格"对话框，从中设置列和行的相应参数，单击"确定"按钮，然后在绘图区指定插入点即可创建表格。

2. 编辑表格

当创建表格后，如果对创建的表格不满意，可以编辑表格，在 AutoCAD 中可以使用夹点、选项板进行编辑操作。

大多情况下，创建的表格都需要进行编辑才可以符合表格定义的标准，在 AutoCAD 中，不仅可以对整体的表格进行编辑，还可以对单独的单元格进行编辑，用户可以单击并拖动夹点调整宽度或在快捷菜单中进行相应的设置。

单击表格，表格上将出现编辑的夹点，如图 7-24 所示。

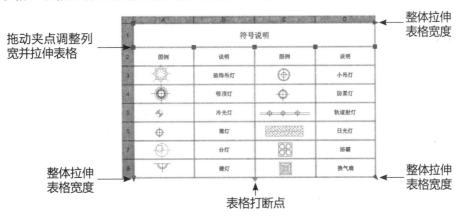

图 7-24 选中表格时各夹点的含义

在"特性"面板中也可以编辑表格，在"表格"卷展栏中可以设置表格样式、方向、表格宽度和表格高度。

实战——创建灯具符号说明表

下面将以创建灯具符号说明表格为例，介绍创建表格的方法。

Step 01 执行"绘图"→"表格"命令，打开"插入表格"对话框，如图 7-25 所示。

Step 02 设置列和行的相应参数，如图 7-26 所示。

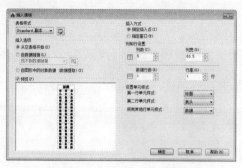

图 7-25 "插入表格"对话框

图 7-26 设置列和行的相应参数

Step 03 单击"确定"按钮,在绘图区指定插入点,进入"标题"单元格的编辑状态,输入标题文字,如图7-27 所示。

Step 04 按回车键进入"表头"单元格的编辑状态,输入表头文字,如图 7-28 所示。

图 7-27 输入标题内容

图 7-28 输入表头内容

Step 05 输入表头文字后,按回车键,在下方插入图形并输入相应的文字,单击"关闭文字编辑器"按钮, 即可完成表格的制作,如图7-29 所示。

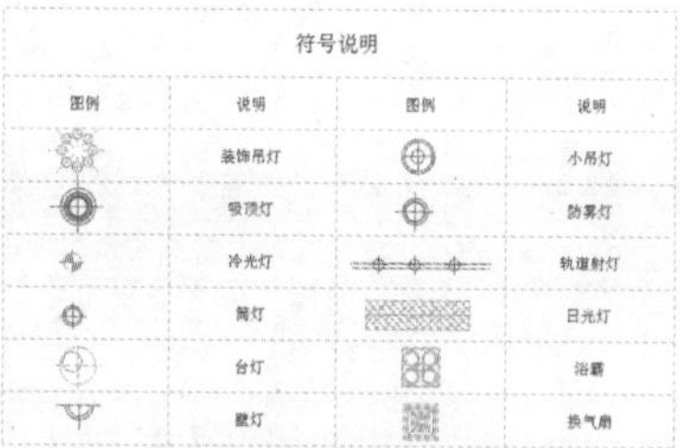

图 7-29 创建表格

7.3.3 调用外部表格

在绘图过程中有时需要制作表格,如灯具表、装修配料表等。AutoCAD 的图形功能很强, 但表格功能较差,一般情况下都是用直线绘制表格,再用文字填充,这种方法效率很低。除此之外, 用户还可以通过调用外部表格的方式来制作表格,调用外部表格有以下几种方式:

● 从 Word 或 Excel 中选择并复制表格,粘贴到 AutoCAD 中。

● 执行"绘图"→"表格"命令,打开"插入表格"对话框,插入本地硬盘上的 Excel 表 格文件即可。

直线绘制的表格，费时较长，且表格中的边框和文字都是独立的图元。直接复制粘贴到 CAD 中的表格则会成为一个整体，但在 CAD 中无法对其进行修改。用户若是想编辑表格，可以在 CAD 中双击表格的外边框，系统会启动 Excel 应用程序并创建一个新的文件打开该表格，用户可在 Excel 中编辑该表格。从外部导入到 CAD 中的表格，用户可以直接在 CAD 中进行编辑。

综合演练 创建隔断装修材料表

实例路径：实例 \CH07\ 综合演练 \ 创建隔断装修材料表 .dwg
视频路径：视频 \CH07\ 创建隔断装修材料表 .avi

在绘图过程中，通常会创建材料表对所用材料进行总结，通过表格的创建进行归纳，方便查看。下面将具体介绍创建隔断装修材料表的方法。

Step 01 执行"格式"→"文字样式"命令，打开"文字样式"对话框，新建"图纸说明"文字样式，如图 7-30 所示。

图 7-30 新建文字样式

Step 02 设置字体为黑体，字体高度为 30，如图 7-31 所示。

图 7-31 设置字体

Step 03 将该该样式设置为当前样式，再执行"格式"→"表格样式"命令，打开创建新的"表格样式"对话框，新建名为"隔断装修材料"的表格样式，如图 7-32 所示。

图 7-32 新建表格样式

Step 04 切换到"数据"单元样式的"文字"选项卡，选择"图纸说明"文字样式，如图 7-33 所示。

图 7-33 设置表格样式

Step 05 重复以上步骤，再设置"标题"和"表头"

的文字样式为"图纸说明",然后单击"确定"按钮。返回"表格样式"对话框,依次单击"置为当前""关闭"按钮,完成设置表格样式的操作,如图7-34所示。

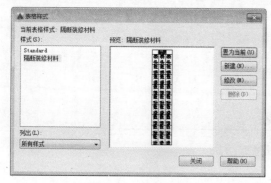

图 7-34 完成设置

Step 06 执行"绘图"→"表格"命令,打开"插入表格"对话框,在"列和行设置"选项组设置相应的参数,如图7-35所示。

图 7-35 设置表格的行和列

Step 07 单击"确定"按钮,在绘图区指定插入点,如图7-36所示。

图 7-36 指定插入点

Step 08 第一行标题会自动进入编辑状态,输入标题内容,如图7-37所示。

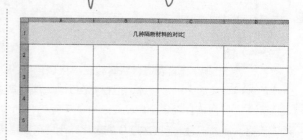

图 7-37 输入标题内容

Step 09 按回车键后继续输入表头内容,如图7-38所示。

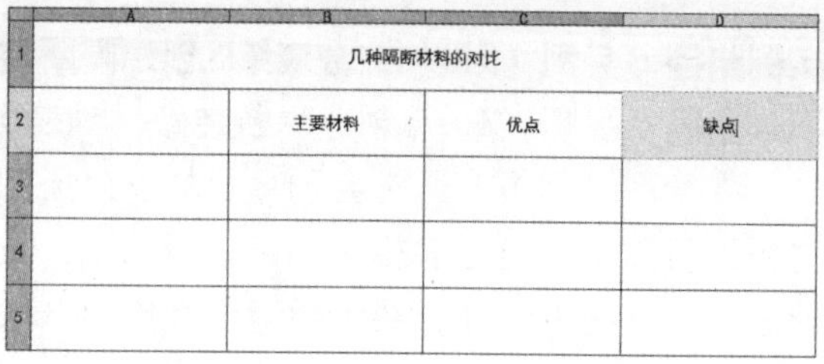

图 7-38 输入表头内容

Step 10 输入数据内容,如图7-39所示。

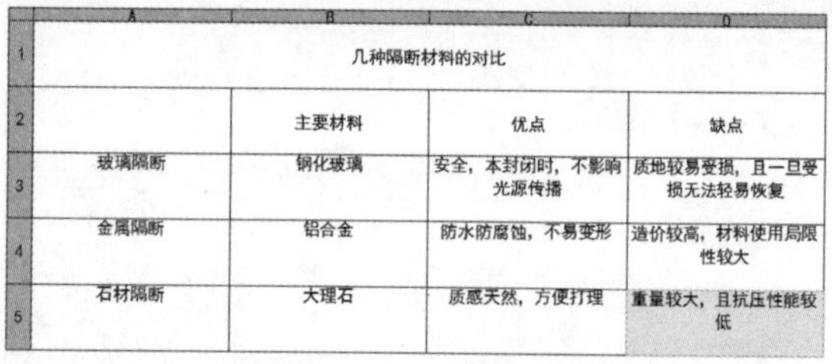

图 7-39 输入数据内容

Step 11 选中单元格A3:B5,在"表格单元"选项卡中设置单元样式为"正中"显示,再选中C3:D5,设置单元样式为"左中"显示,如图7-40所示。

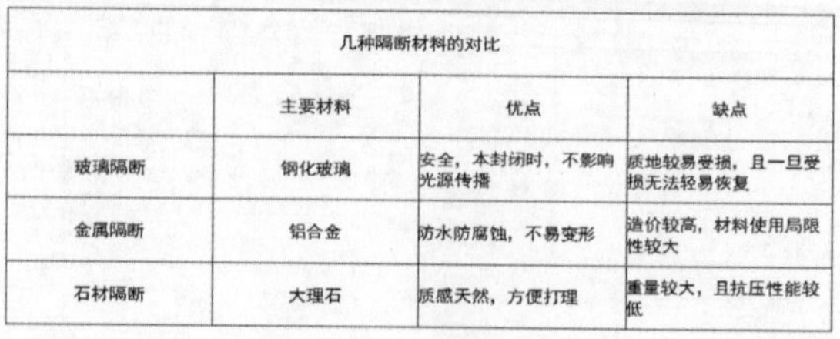

图 7-40 设置单元样式

Step 12 全选表格,调整表格宽度,如图7-41所示。

图 7-41　调整表格宽度

图 7-43　表格效果

Step 13〉选中单元格 C3：D5，执行"修改"→"特性"命令，打开"特性"面板，在"单元"卷展栏下设置水平单元边距为 25，如图 7-42 所示。

表格	
常规	+
单元	−
单元样式	按行/列
行样式	数据
列样式	(无)
单元宽度	*多种*
单元高度	163
对齐	左中
背景填充	无
边界颜色	ByBlock
边界线宽	ByBlock
边界线型	ByBlock
水平单元边距	25
垂直单元边距	1.5
单元锁定	解锁
单元数据链接	未链接
内容	+

图 7-42　修改水平单元边距

Step 14〉设置后的表格效果如图 7-43 所示。

Step 15〉选择单元格 A1：D2，在"特性"面板中设置单元格高度为 90，如图 7-44 所示。

表格	
常规	+
单元	−
单元样式	按行/列
行样式	*多种*
列样式	(无)
单元宽度	*多种*
单元高度	90
对齐	正中
背景填充	无
边界颜色	ByBlock
边界线宽	ByBlock
边界线型	ByBlock
水平单元边距	1.5
垂直单元边距	1.5
单元锁定	解锁
单元数据链接	未链接
内容	+

图 7-44　修改单元格高度

Step 16〉设置完毕后完成表格的创建，如图 7-45 所示。

几种隔断材料的对比			
	主要材料	优点	缺点
玻璃隔断	钢化玻璃	安全，本封闭时，不影响光源传播	质地较易受损，且一旦受损无法轻易恢复
金属隔断	铝合金	防水防腐蚀，不易变形	造价较高，材料使用局限性较大
石材隔断	大理石	质感天然，方便打理	重量较大，且抗压性能较低

图 7-45　完成创建

上机操作

为了更好的掌握本章所学的知识，在此列举几个针对于本章的拓展案例，以供读者练手！

1. 创建质量对比分析表

利用本章所学的文字与表格的知识，创建如图 7-46 所示的分析表。

采购物资质量对比分析表						
项目	月份	硫份S	灰份A	挥发份V	采购价格（元／吨）	备注
焦炭	本月	0.682	12.74	1.37	1753	
	上月	0.658	12.7	1.39	1650	
无烟煤	本月	0.819	11.8	7.72	1090	
	上月	0.706	11.43	7.75	1070	
烟煤	本月	0.414	9.95	30.44	730	
	上月	0.381	11.19	29.9	760	

图 7-46 质量对比分析表

⚠ **操作提示：**

Step 01 使用"文字样式"命令创建一个新的文字样式。

Step 02 使用"表格样式"命令，设置表格标题、表头和数据均为"正中"对齐方式。

Step 03 执行"绘图"→"表格"命令，设置表格为 8 行 7 列，确认设置后返回绘图区创建表格。

Step 04 输入文字完成表格的创建。

2. 为平面图添加空间说明

使用"单行文字"命令，为三居室平面图添加空间说明，如图 7-47 所示。其中，文字高度为 250，字体为宋体，旋转角度为 0。

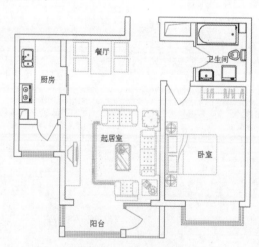

图 7-47 添加空间说明

Step 01 打开"文字样式"对话框，从中对文本属性进行设置。

Step 02 执行"单行文字"命令，在布置图中合适位置创建各功能区的说明。

第8章

输出、打印与发布图形

　　输出和打印图形就是将绘制的图形打印显示在图纸上，方便用户调用查看。图形的输出是设计工作中的最后一步，此操作是必不可少的。本章将主要介绍图纸的输入及输出，以及在打印图形中的布局设置操作。通过本章的学习，读者应掌握图形的输入输出以及模型空间与图形空间之间切换的方法，并能够打印 AutoCAD 图纸。

知识要点

　▲　图纸的输入与输出　　　　　　　▲　布局视口

　▲　模型空间与图纸空间　　　　　　▲　打印图纸

8.1 图形的输入与输出

　　在 AutoCAD 中除了可以打开和保存 DWG 格式的图形文件外，还可以导入或导出其他格式的图形。

8.1.1 输入图纸

　　用户可以通过以下方式输入图纸：
- 执行"文件"→"输入"命令。
- 执行"插入"→"Windows 图元文件"命令。
- 在"插入"选项卡"输入"面板中单击"输入"按钮 ⭷ 。
- 在命令行输入 IMPORT 命令并按回车键。

　　执行以上任意一种操作即可打开"输入文件"对话框，如图 8-1 所示，设置文件类型并选择图形文件，并单击"打开"按钮即可。在其中的"文件类型"下拉列表框中可以看到，系统允许输入"图元文件"、ACIS 及 3D Studio 格式的图形文件，如图 8-2 所示。

图 8-1 "输入文件"对话框

图 8-2 "文件类型"列表

8.1.2 插入 OLE 对象

OLE 是指对象链接与嵌入,用户可以将其他 Windows 应用程序的对象链接或嵌入到 AutoCAD 图形中,或在其他程序中链接或嵌入 AutoCAD 图形。插入 OLE 文件可以避免图片丢失、文件丢失这些问题,所以使用起来非常方便。用户可以通过以下方式插入 OLE 对象:

- 执行"插入"→"OLE 对象"命令。
- 在"插入"选项卡"数据"面板中单击"OLE 对象"按钮⚏。
- 在命令行输入 INSERTOBJ 命令并按回车键。

实战——插入室内设计说明

下面就利用"插入 OLE 对象"命令,将 Word 文档插入到 AutoCAD 中,操作步骤介绍如下。

Step 01 在 AutoCAD 中执行"插入"→"OLE 对象"命令,打开"插入对象"对话框,选中"由文件创建"单选按钮,再单击"浏览"按钮,如图 8-3 所示。

Step 02 打开"浏览"对话框,从中选择需要插入的对象,单击"打开"按钮,如图 8-4 所示。

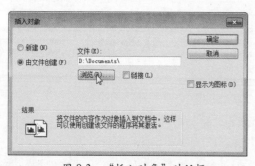

图 8-3 "插入对象"对话框

图 8-4 选择插入对象

Step 03 返回到"插入对象"对话框,可以看到文件路径已经发生改变,如图 8-5 所示。

Step 04 单击"确定"按钮完成插入操作,即可看到已经将 Word 文档中的内容插入到 CAD 中,如图 8-6 所示。

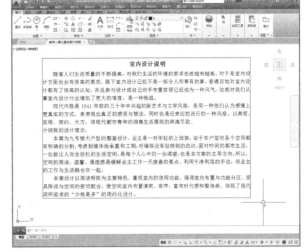

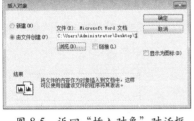

图 8-5　返回"插入对象"对话框　　　　　　图 8-6　插入 Word 文档

8.1.3　输出图纸

用户可以将 CAD 软件中设计好的图形按照指定格式进行输出，调用"输出"命令的方式包含以下几种：

- 执行"文件"→"输出"命令。
- 在"输出"选项卡"输出为 DWF/PDF"面板中单击"输出"按钮。
- 在命令行输入 EXPORT 命令并按回车键。

8.2　模型空间与图纸空间

AutoCAD 中提供了两种绘图环境：模型空间和图纸空间（布局空间）。在模型空间中，用户按 1:1 比例绘图，绘制完成后，再以放大或缩小的比例打印图形。图纸空间则提供了一张虚拟图纸，用户可以在该图纸中布置模型空间的图纸，并设定好缩放比例，打印出图时，将设置好的虚拟图纸以 1:1 的比例打印出来。

8.2.1　模型空间和图纸空间的概念

模型空间和图纸空间都能出图。绘图一般是在模型空间进行。如果一套图中只有一种比例，用模型空间出图即可；但一套图中同时存在几种比例，则应该用图纸空间出图。

这两种空间的主要区别在于：模型空间针对的是图形实体空间，图纸空间则是针对图纸布局空间。在模型空间中需要考虑的只是图形能否绘制出或正确与否，而不必担心绘图空间的大小。图纸空间则侧重于图纸的布局，在图纸空间里，几乎不需要再对任何图形进行修改和编辑。如图 8-7、图 8-8 所示分别为模型空间和图纸空间的界面。

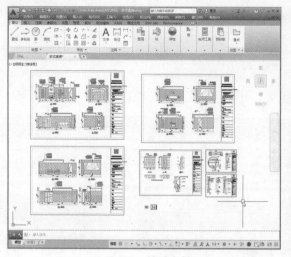

图 8-7　模型空间

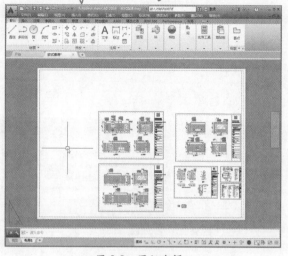

图 8-8　图纸空间

　　一般在绘图时，先在模型空间内进行绘制与编辑，完成图形的绘制之后，再进入图纸空间进行布局调整，直至最终出图。

知识拓展

　　在布局空间中还可以创建不规则视口。执行"视图"→"视口"→"多边形视口"命令，在布局空间指定起点和端点，创建封闭的图形，按回车键即可创建不规则视口，或者在"布局"选项卡"布局视口"面板中单击"矩形"下拉按钮，在弹出的下拉列表框中选择"多边形"选项。

8.2.2　模型和图纸的切换

　　在 AutoCAD 中，模型空间与图纸空间是可以相互切换的，下面将对其切换方法进行介绍。

1. 模型空间切换到图纸空间

- 将鼠标放置在"文件"选项卡上，在弹出的浮动空间中选择"布局"选项。
- 在状态栏左侧单击"布局 1"或者"布局 2"按钮 布局1。
- 在状态栏中单击"模型"按钮 模型。

2. 图纸空间切换到模型空间

- 将鼠标放置在"文件"选项卡上，在弹出的浮动空间中选择"模型"选项。
- 在状态栏左侧的单击"模型"按钮 模型。
- 在状态栏单击"图纸"按钮 图纸。
- 在图纸空间中双击鼠标左键，即可激活活动视口然后进入模型空间。

8.3 打印图纸

绘制完图形之后，通常要打印到图纸上，也可以生成一份电子图纸，以便用户从互联网上进行访问。打印的图形可以包含图形的单一视图，也可以包含更为复杂的视图排列。根据不同的需要，可以打印一个或多个视口，或设置选项以决定图形在图纸上的位置。

8.3.1 设置打印参数

在打印图形之前需要对打印参数进行设置，如图纸尺寸、打印方向、打印区域、打印比例等。在"打印"对话框中可以设置各打印参数，如图 8-9 所示。

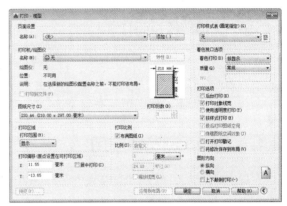

图 8-9 "打印"对话框

用户可以通过以下方式打开"打印"对话框：

● 执行"文件"→"打印"命令。

● 在快速访问工具栏单击"打印"按钮 🖨。

● 在"输出"选项卡"打印"面板中单击"打印"按钮。

● 在命令行输入 PLOT 命令并按回车键。

知识拓展

在进行打印参数的设定时，用户应根据与电脑连接的打印机类型来综合考虑打印参数的具体值，否则将无法实施打印操作。

8.3.2 预览打印

在设置打印参数之后，用户可以预览设置的打印效果，通过打印效果查看是否符合要求。如果符合要求再关闭预览进行更改，如果符合要求即可继续进行打印。

用户可以通过以下方式实施打印预览：

● 执行"文件"→"打印预览"命令。

● 在"输出"选项卡"预览"按钮 🔍。

● 在"打印"对话框中设置"打印参数"后，单击左下角的"预览"按钮。

执行以上操作命令后，CAD 即可进入预览模式，如图 8-10 所示。

图 8-10 预览模式

8.4 网络应用

　　在 AutoCAD 中用户可以在 Internet 上预览图纸，为图纸插入超链接、将图纸以电子形式进行打印，并将设置好的图纸发布到 Web 以供用户浏览。

8.4.1 Web 浏览器应用

　　Web 浏览器是通过 URL 获取并显示 Web 网页的一种软件工具。用户可在 AutoCAD 系统内部直接调用 Web 浏览器进入 Web 网络世界。AutoCAD 中的文件"输入"和"输出"命令都具有内置的 Internet 支持功能。通过该功能，可以直接从 Internet 上下载文件，其后就可在 AutoCAD 环境下编辑图形。

　　用"浏览 Web"对话框，可快速定位到要打开或保存文件的特定的 Internet 位置。可以指定一个默认 Internet 网址，每次打开"浏览 Web"对话框时都将加载该位置。如果不知道正确的 URL，或者不想每次访问 Internet 网址时都输入冗长的 URL，则可以使用"浏览 Web"对话框方便地访问文件。

　　此外，在命令行中直接输入 BROWSER 命令，按回车键，并根据提示信息打开网页。

　　命令行提示如下：

```
命令：BROWSER
输入网址 (URL) <http://www.autodesk.com.cn>:www.baidu.com
```

8.4.2 超链接管理

　　超链接就是将 AutoCAD 中的图形对象与其他数据、信息、动画、声音等建立链接关系。利用超链接可实现由当前图形对象到关联图形文件的跳转，其链接的对象可以是现有的文件或 Web 页，也可以是电子邮件地址等。

1. 链接文件或网页

　　执行"插入"→"超链接"命令，在绘图区中，选择要进行链接的图形对象，按回车键后打开"插入超链接"对话框，如图 8-11 所示。

单击"文件"按钮，打开"浏览 Web- 选择超链接"对话框，如图 8-12 所示。在此选择要链接的文件并单击"打开"按钮，返回到上一层对话框，单击"确定"按钮完成操作。

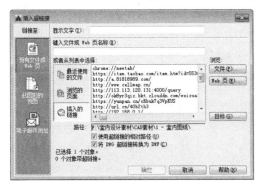

图 8-11　"插入超链接"对话框　　　　　　　　　图 8-12　选择需链接的文件

在带有超链接的图形文件中，将光标移至带有链接的图形对象上时，光标右侧会显示超链接符号，并显示链接文件名称。此时按住 Ctrl 键并单击该链接对象，即可按照链接网址切转到相关联的文件中。

2. 链接电子邮件地址

执行"插入"→"超链接"命令，在绘图区中，选中要链接的图形对象，按回车键后，在弹出的"插入超链接"对话框中，单击左侧"电子邮件地址"选项卡，其后在"电子邮件地址"文本框中输入邮件地址，并在"主题"文本框中，输入邮件消息主题内容，单击"确定"按钮即可，如图 8-13 所示。

图 8-13　"插入超链接"对话框

在打开电子邮件超链接时，默认电子邮件应用程序将创建新的电子邮件消息，在此填好邮件地址和主题，最后输入消息内容并通过电子邮件发送。

8.4.3　电子传递设置

在将图形发送给其他人时，常见的一个问题是忽略了图形的相关文件，如字体和外部参照。在某些情况下，没有这些关联文件将会使接受者无法使用原来的图形。使用电子传递功能，可自动生成包含设计文档及其相关描述文件的数据包，然后将数据包粘贴到 E-mail 的附件中进行发送。这样就大大简化了发送操作，并且保证了发送的有效性。

用户可以将传递集在 Internet 上发布或作为电子邮件附件发送给其他人，系统将会自动生成一个报告文件，其中包括有关传递集的文件和必须对这些文件所做的处理的详细说明，也可以在报告中添加注释或指定传递集的口令保护。用户可以指定一个文件夹来存放传递集中的各个文件，也可以创建自解压可执行文件或 Zip 文件。

综合演练 设置并打印输出立面图纸

实例路径：实例 \CH08\ 综合演练 \ 设置并打印输出立面图纸 .dwg
视频路径：视频 \CH08\ 设置并打印输出立面图纸 .avi

本案例中将创建一个新的图纸空间，为绘制完毕的立面图纸设置打印参数并打印出图，下面将具体介绍操作方法。

Step 01 打开素材图形文件，如图 8-14 所示。

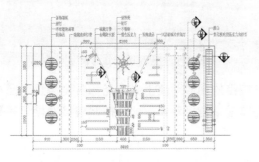

一层夜总会B立面图 1：50

图 8-14　打开素材图形

Step 02 在状态栏左侧右键单击"模型"按钮，在打开的快捷菜单中选择"从样板"选项，如图 8-15 所示。

图 8-15　从样板

Step 03 系统会弹出"从文件选择样板"对话框，从中选择一个合适的样板，如图 8-16 所示。

图 8-16　选择样板

Step 04 单击"打开"按钮，会打开"插入布局"对话框，继续单击"确定"按钮，如图 8-17 所示。

图 8-17　"插入布局"对话框

Step 05 此时进入带有样板的图纸空间，如图 8-18 所示。

图 8-18　图纸空间

Step 06 删除原有的视口，如图 8-19 所示。

图 8-19　删除视口

Step 07> 执行"视图"→"视口"→"新建视口"命令，重新创建一个视口，则图纸会显示在视口中，如图 8-20 所示。

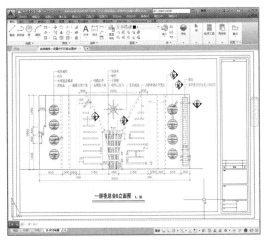

图 8-20　创建新的视口

Step 08> 执行"文件"→"打印"命令，打开"打印"对话框，从中选择打印机，设置图纸尺寸，勾选"布满图纸"及"居中打印"复选框，再设置图形方向为"横向"，如图 8-21 所示。

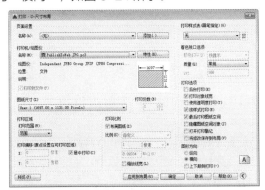

图 8-21　打印设置

Step 09> 单击"预览"按钮进入预览效果，如图 8-22 所示。

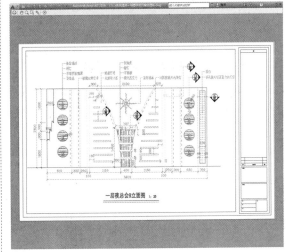

图 8-22　预览效果

Step 10> 确定图纸无误后，单击鼠标右键，在弹出的快捷菜单中选择"打印"命令即可，如图 8-23 所示。

图 8-23　选择"打印"命令

上机操作

为了更好地掌握本章所学的知识，在此列举几个针对于本章的拓展案例，以供读者练手！

1. 将 DWG 文件输出为 bmp 格式

将如图 8-24 所示的图形输出为 bmp 格式的图片。

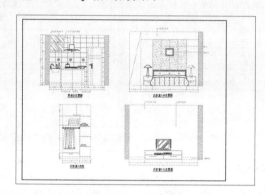

图 8-24　输出图形

⚠ **操作提示：**

Step 01〉执行"文件"→"输出"命令，打开"输出数据"对话框。

Step 02〉设置输出路径、输出名称和输出格式。

Step 03〉单击"保存"按钮完成图形的输出操作。

2. 创建布局视口

为一套图纸创建带样板的布局视口，使其能够均匀地显示在图框中，如图 8-25 所示。

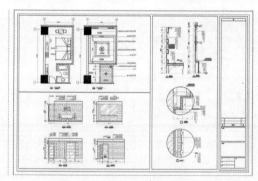

图 8-25　创建布局视口

⚠ **操作提示：**

Step 01〉在状态栏左边的"模型"按钮单击鼠标右键，在快捷菜单中选择"从样板"命令，选择合适的样板。

Step 02〉进入布局视口，删除原有的视口边框。

Step 03〉重新创建新的视口，并调整图形在视口中的显示。

第**9**章

室内常用图例的绘制

本章主要介绍室内施工图中常见的各类图形的绘制方法，包括洗菜盆图形、燃气灶图形、冰箱图形、餐桌椅图形、双人床图形等。通过这些图形的绘制练习，用户可以进一步掌握 AutoCAD 绘图技巧及图形绘制方法。

知识要点

▲ 绘图命令的使用　　　　　　　　▲ 图形的绘制步骤

▲ 编辑命令的使用

9.1 绘制洗菜盆平面图形

洗菜盆在厨房生活中使用的十分广泛，在室内施工图纸的绘制过程用也是常会用到，下面就利用"矩形""圆""圆角""复制"等命令绘制出洗菜盆图形，绘制步骤介绍如下。

Step 01 执行"矩形"命令，设置矩形尺寸 850mm×450mm，绘制洗手台面，如图 9-1 所示。

Step 02 执行"圆角"命令，设置圆角半径为 50mm，修剪矩形台面边角，如图 9-2 所示。

Step 03 将矩形分解，执行"偏移"命令，分别将矩形外框向内偏移，如图 9-3 所示。

图 9-1　绘制矩形

图 9-2　修剪圆角

图 9-3　偏移直线

Step 04 执行"圆角"命令，设置圆角半径为 50mm，修剪洗手盆边角，如图 9-4 所示。

Step 05 执行"复制"命令，复制圆角矩形，再执行"拉伸"命令，调整洗手池大小，如图 9-5 所示。

Step 06 执行"圆""复制"命令，绘制半径为 25mm 的下水管和水龙头管道，再执行"直线""圆角"命令，绘制水龙头，最后旋转并修剪图形，完成洗手盆图形的绘制，如图 9-6 所示。

图 9-4　修剪圆角

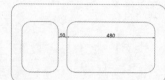
图 9-5　拉伸矩形

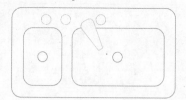
图 9-6　绘制圆形

9.2　绘制燃气灶平面图形

　　燃气灶是家中不可或缺的厨房电器，本小节就利用"矩形""圆""偏移""镜像"等命令绘制出燃气灶图形，绘制步骤介绍如下：

Step 01 执行"矩形"命令，设置矩形尺寸 800mm×400mm，绘制灶台面，如图 9-7 所示。

Step 02 执行"偏移"命令，设置偏移尺寸为 10mm，将矩形向内偏移，将内部矩形分解，再执行"偏移"命令，将下方边线向上偏移 42mm，如图 9-8 所示。

Step 03 执行"圆角"命令，设置圆角半径为 40mm，修剪矩形边角，如图 9-9 所示。

图 9-7　绘制矩形

图 9-8　偏移矩形

图 9-9　修剪圆角

Step 04 执行"圆"命令，绘制半径为 110mm 的圆形灶，执行"偏移"命令，分别将矩形向内偏移 30mm、50mm、20mm，如图 9-10 所示。

Step 05 执行"矩形"命令，设置矩形尺寸为 20mm×50mm，绘制灶台，如图 9-11 所示。

Step 06 执行"环形阵列"命令，选择圆形中心点为基点，设置数量为 4，阵列效果如图 9-12 所示。

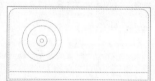
图 9-10　绘制并偏移圆形

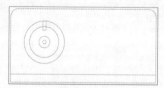
图 9-11　绘制矩形

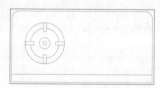
图 9-12　阵列矩形

Step 07 执行"镜像"命令，指定矩形中心点，镜像复制灶台，如图 9-13 所示。

Step 08 执行"椭圆"命令，绘制开关按钮，再执行"镜像"命令，复制开关按钮，如图 9-14 所示。

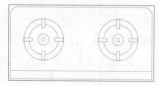
图 9-13　镜像复制

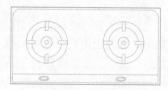
图 9-14　绘制按钮

9.3 绘制冰箱立面图形

下面利用"矩形""直线""偏移""镜像"等命令绘制冰箱立面图形，绘制步骤介绍如下。

Step 01 执行"矩形"命令，设置矩形尺寸 900mm×1800mm，绘制冰箱轮廓，再执行"分解"命令，分解矩形，如图 9-15 所示。

Step 02 执行"偏移"命令，设置偏移距离为 7mm、24mm，将直线分别向内偏移，再执行"修剪"命令，修剪直线，如图 9-16 所示。

Step 03 执行"偏移"命令，设置偏移距离为 360mm，将左侧直线向右偏移，再将底部直线向上偏移 75mm，执行"修剪"命令，修剪直线，如图 9-17 所示。

图 9-15 绘制矩形

图 9-16 偏移直线

图 9-17 偏移直线

Step 04 执行"矩形"命令，分别捕捉顶点绘制矩形，执行"偏移"命令，将矩形向内偏移 20mm，如图 9-18 所示。

Step 05 执行"直线""圆弧"命令，绘制冰箱拉手，再执行"镜像"命令，镜像复制拉手，如图 9-19 所示。

Step 06 执行"矩形""偏移""复制"命令，绘制冰箱显示面板，完成冰箱图形的绘制，如图 9-20 所示。

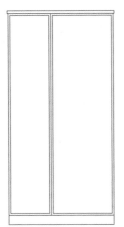
图 9-18 偏移矩形

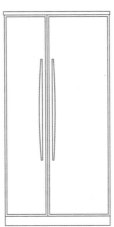
图 9-19 绘制拉手

图 9-20 绘制显示面板

9.4 绘制餐桌椅立面图形

本小节将利用"矩形""偏移""圆角""图案填充"等命令绘制餐桌椅立面图形，绘制步骤介绍如下。

Step 01 执行"矩形"命令，绘制餐桌桌面，执行"直线""偏移"命令，绘制桌腿，如图 9-21 所示。

Step 02 分解矩形，执行"偏移"命令，将矩形边线向下偏移，执行"修剪"命令，修剪直线，如图 9-22 所示。

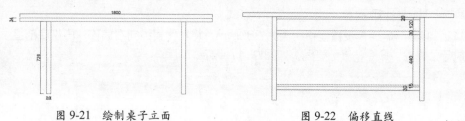

图 9-21 绘制桌子立面　　　　图 9-22 偏移直线

Step 03 执行"矩形"命令，设置矩形尺寸 342mm×1020mm，绘制椅子立面，如图 9-23 所示。

Step 04 执行"圆角"命令，设置圆角半径为 171mm，对矩形两个角进行圆角操作，如图 9-24 所示。

Step 05 执行"偏移"命令，设置偏移距离为 35mm，分别将直线和弧形向外偏移，再绘制直线，如图 9-25 所示。

Step 06 执行"偏移"命令，将地面直线分别向上偏移 456mm、46mm，如图 9-26 所示。

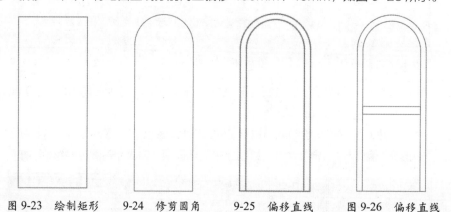

图 9-23 绘制矩形　　9-24 修剪圆角　　9-25 偏移直线　　图 9-26 偏移直线

Step 07 执行"偏移"命令，设置偏移距离为 15mm，分别将直线和弧形向内偏移，再修剪图形，如图 9-27 所示。

Step 08 执行"图案填充"命令，设置填充图案 ANSI31，设置填充角度为 45，填充比例为 5，填充椅背，如图 9-28 所示。

Step 09 执行"偏移"命令，设置偏移距离为 10mm，分别将左右两边直线向外偏移，执行"直线"命令，连接直线，再修剪图形，如图 9-29 所示。

9-27 偏移直线　　9-28 填充图案　　图 9-29 偏移直线

Step 10 移动椅子图形到合适位置，执行"复制"命令，指定基点，水平向右复制餐椅，如图 9-30 所示。

Step 11 执行"修剪"命令，修剪被餐桌覆盖的直线，如图 9-31 所示。

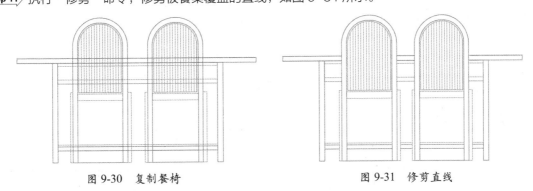

图 9-30　复制餐椅　　　　　　　　　图 9-31　修剪直线

Step 12 执行"直线"命令，绘制椅子腿，执行"圆角"命令，设置圆角半径为 25mm，修剪圆角，如图 9-32 所示。

Step 13 执行"偏移"命令，设置偏移距离为 30mm，分别将直线向外偏移，如图 9-33 所示。

Step 14 执行"矩形"命令，设置矩形圆角半径为 20mm，绘制 330mm×40mm 的圆角矩形，如图 9-34 所示。

Step 15 执行"直线""圆弧"命令，绘制弧形靠背，如图 9-35 所示。

图 9-32　绘制桌腿　　图 9-33　偏移桌腿厚度　　图 9-34　绘制圆角矩形　　图 9-35　绘制弧形靠背

Step 16 执行"直线""偏移"命令，绘制椅子靠背垫，如图 9-36 所示。

Step 17 执行"镜像"命令，以桌子中心为镜像点，镜像复制椅子，如图 9-37 所示。

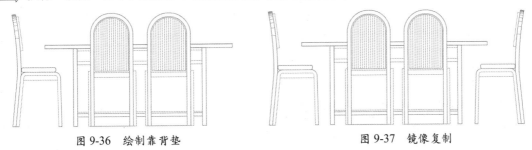

图 9-36　绘制靠背垫　　　　　　　　　图 9-37　镜像复制

9.5 绘制落地灯立面图形

下面将利用"直线""矩形""偏移"等命令绘制落地灯图形，绘制步骤介绍如下。

Step 01 执行"直线"命令，打开极轴，设置极轴角度，绘制灯罩，如图 9-38 所示。

Step 02 执行"偏移"命令，将上方直线向内偏移 20，其他连线向内偏 10mm，绘制灯罩厚度，执行"修剪"命令，修剪直线，如图 9-39 所示。

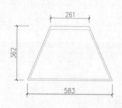
图 9-38 绘制直线

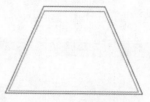
图 9-39 偏移直线

Step 03 执行"直线"命令，绘制灯杆，执行"偏移""倒角"命令，修剪直线，如图 9-40 所示。

Step 04 执行"矩形"命令，设置矩形尺寸 400mm×40mm 绘制落地灯底座，如图 9-41 所示。

Step 05 执行"矩形"命令，绘制 400mm×40mm 的灯杆造型，执行"复制"命令，在灯杆上复制矩形，再执行"修剪"命令，修剪直线，如图 9-42 所示。

Step 06 执行"圆弧"命令，绘制灯杆弧形造型，完成落地灯立面图的绘制，如图 9-43 所示。

图 9-40 绘制灯杆   图 9-41 绘制底座   图 9-42 绘制灯杆造型   图 9-43 完成绘制

9.6 绘制双人床平面图形

下面将利用"矩形""圆角""偏移""图案填充"等命令绘制双人床图形，绘制步骤介绍如下。

Step 01 执行"矩形"命令，设置矩形尺寸 1800mm×2000mm，绘制矩形，如图 9-44 所示。

Step 02 执行"偏移"命令，设置偏移距离为 20mm，将矩形向内偏移，如图 9-45 所示。

Step 03 执行"圆角"命令，设置圆角半径为 50mm，绘制双人床床角，如图 9-46 所示。

Step 04 执行"分解"命令，分解内部矩形，执行"偏移"命令，将直线依次向内偏移，绘制床单造型，如图 9-47 所示。

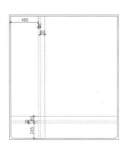

图 9-44　绘制矩形　　　　图 9-45　偏移矩形　　　　图 9-46　修剪圆角　　　　图 9-47　偏移直线

Step 05 执行"圆弧"命令，绘制弧形造型，执行"修剪"命令，修剪直线，如图 9-48 所示。

Step 06 执行"图案填充"命令，设置填充图案 MUDST，设置填充角度为 45，填充比例为 10，填充被面图案，如图 9-49 所示。

Step 07 执行"圆弧"命令，绘制枕头图形，复制枕头并进行适当修改，如图 9-50 所示。

Step 08 执行"直线""圆弧"命令，绘制床头柜，执行"偏移""修剪"命令，绘制床头柜厚度，如图 9-51 所示。

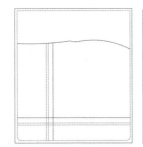
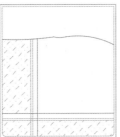

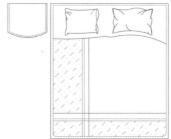

图 9-48　绘制弧形　　　图 9-49　填充图案　　　图 9-50　绘制枕头　　　图 9-51　绘制床头柜

Step 09 执行"圆""偏移"命令，绘制同心圆，执行"直线"命令，绘制直线，绘制出台灯，如图 9-52 所示。

Step 10 执行"镜像"命令，以双人床中心点为镜像点，镜像复制床头柜，完成双人床平面图形的绘制，如图 9-53 所示。

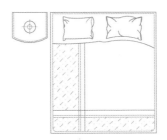

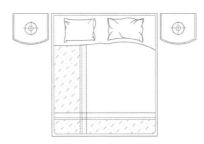

图 9-52　绘制台灯　　　　　　　图 9-53　镜像复制

9.7 绘制沙发组合平面图形

　　本案例中将利用"矩形""定数等分""直线""偏移""旋转""镜像"等命令绘制沙发组合图形，绘制步骤介绍如下。

Step 01 执行"矩形"命令，设置矩形尺寸 2100mm × 950mm，绘制沙发平面，如图 9-54 所示。

Step 02 执行"分解"命令，将矩形分解，执行"偏移"命令，设置偏移距离为 120mm，将图形向内偏移，如图 9-55 所示。

Step 03 执行"定数等分"命令，设置等分数量为 3，等分直线，执行"直线"命令，连接等分点，如图 9-56 所示。

Step 04 执行"圆角"命令，设置圆角半径为 50mm，修剪圆角，如图 9-57 所示。

图 9-54　绘制矩形　　　　图 9-55　偏移直线　　　　图 9-56　等分直线　　　　图 9-57　修剪圆角

Step 05 执行"矩形"命令，绘制 835mm × 120mm 的沙发扶手，执行"圆角"命令，设置圆角半径为 30mm，修剪圆角，如图 9-58 所示。

Step 06 执行"矩形"命令，设置矩形圆角半径为 50mm，绘制 700mm × 138mm 的矩形靠背，执行"复制"命令，复制靠背，如图 9-59 所示。

Step 07 执行"矩形"命令，设置矩形尺寸 600mm × 600mm，绘制一个矩形，执行"偏移"命令，将矩形向内偏移 50mm，如图 9-60 所示。

Step 08 执行"圆""偏移"命令，绘制台灯，执行"直线"命令，绘制直线，如图 9-61 所示。

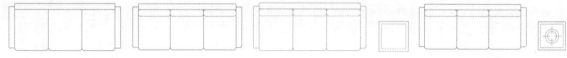

图 9-58　修剪圆角　　　图 9-59　绘制圆角矩形　　　图 9-60　绘制矩形　　　　图 9-61　绘制台灯

Step 09 执行"复制"命令，复制沙发平面图，执行"拉伸"命令，调整沙发长度，执行"删除"命令，删除多余图形，如图 9-62 所示。

Step 10 执行"旋转"、"移动"命令，调整单人沙发位置，执行"镜像"命令，镜像复制沙发图形，如图 9-63 所示。

Step 11 执行"矩形"命令，设置矩形尺寸 1200mm × 600mm，绘制茶几平面，执行"偏移"命令，将矩形向内偏移 20mm，绘制玻璃边框，如图 9-64 所示。

Step 12 执行"图案填充"命令，绘制玻璃效果，设置填充图案 AR-RROOFF，设置填充角度为 45，填充比例为 15，完成沙发组合图形的绘制，如图 9-65 所示。

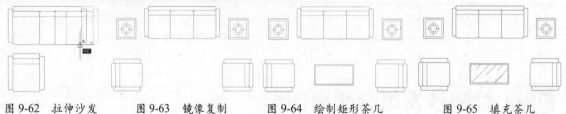

图 9-62　拉伸沙发　　　　图 9-63　镜像复制　　　　图 9-64　绘制矩形茶几　　　图 9-65　填充茶几

第10章

绘制居室装潢施工图

在室内设计过程中，施工图的绘制是表达设计者设计意图的重要手段之一，专业化、标准化的施工图不但可以帮助设计者深化设计内容，完善构思想法，同时面对大型公共设计项目及大量的设计订单时，行之有效的施工图规范与管理亦可在保持设计品质及提高工作效率方面起到积极有效的作用。本章结合前面所学基础知识绘制一套居室装潢施工图，包括平、立面图以及剖面图，读者通过本章的学习可以掌握室内设计施工图的绘制技巧并了解部分施工工艺。

知识要点

▲ 绘制居室平面图

▲ 绘制居室立面图

▲ 绘制居室剖面详图

10.1 绘制居室平面图

室内平面图是施工图纸中必不可少的一项内容，它能够反映出在当前户型中各空间布局以及家具摆放是否合理。同时，用户还能从中了解到各空间的功能和用途。

10.1.1 绘制原始户型图

绘制墙体有两种方法：单线绘制和多线绘制，单线绘制主要根据墙体内部尺寸利用"直线"命令来绘制，多线绘制主要根据墙体轴线利用多线命令绘制。下面利用单线的绘制与编辑根据墙体内部尺寸来绘制居室墙体轮廓图，下面介绍其绘制步骤。

Step 01 启动 AutoCAD 2016 软件，打开"图层特性管理器"面板，单击"新建图层"图标，创建"轴线"图层，如图 10-1 所示。

Step 02 继续单击"新建图层"图标，创建"墙体"和"窗户"图层，并将"轴线"置为当前图层，如图 10-2 所示。

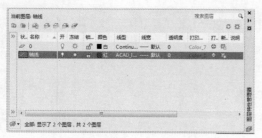

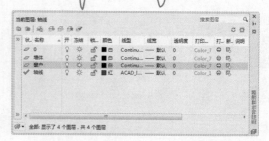

图 10-1　创建"轴线"图层　　　　　图 10-2　创建"墙体"和"窗户"图层

Step 03 执行"直线"命令，绘制轴线，执行"偏移"命令，偏移轴线，如图 10-3 所示。

Step 04 选择轴线，打开"特性"面板，设置线型比例为 10，如图 10-4 所示。

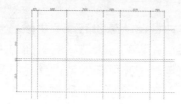

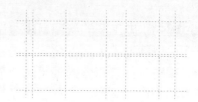

图 10-3　绘制轴线　　　　　　　图 10-4　修改线型

Step 05 新建多线样式，设置样式名称 WALL，设置封口，勾选"起点""端点"复选框，如图 10-5 所示。

Step 06 继续新建多线样式，设置样式名为 WINDOW，单击"图元"选项组中的"添加"按钮，设置偏移数值，如图 10-6 所示。

图 10-5　创建多线样式　　　　　图 10-6　设置多线样式

Step 07 选择多线样式 WALL，单击置为当前，执行"多线"命令，设置对正样式为"无"，比例为 240，捕捉轴线绘制墙体，如图 10-7 所示。

Step 08 执行"多线"命令，设置对正样式为"无"，比例为 120，样式为 WALL，捕捉绘制单墙，如图 10-8 所示。

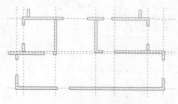

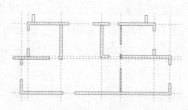

图 10-7　绘制墙体　　　　　　　图 10-8　绘制单墙

Step 09 双击多线，打开"多线编辑工具"面板，选择样式"T 形打开"工具，修剪墙体，如图 10-9、图 10-10 所示。

图 10-9　多线编辑工具

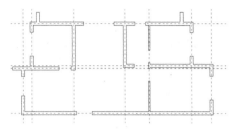

图 10-10　编辑多线效果

Step 10 选择样式 WINDOW，将其置为当前样式，执行"多线"命令，设置对正样式为"无"，比例为 240，捕捉墙体绘制窗户，执行"复制"命令，复制窗户，单击节点调整窗户尺寸，如图 10-11 所示。

Step 11 执行"多线"命令，设置对正样式为"下"，比例为 240，绘制拐角窗户，如图 10-12 所示。

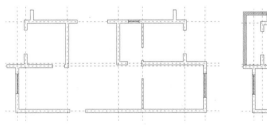

图 10-11　绘制窗户

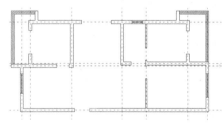

图 10-12　绘制拐角窗户

Step 12 执行"矩形"命令，绘制矩形柱子，执行"图案填充"命令，填充柱子，执行"复制"命令，复制柱子，如图 10-13 所示。

Step 13 执行"多线"命令，捕捉轴线，连接柱子绘制直线，如图 10-14 所示。

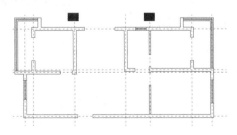

图 10-13　绘制柱子

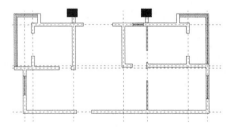

图 10-14　连接直线

Step 14 执行"多线"命令，设置对正样式为"下"，比例为 240，连接柱子绘制窗户，如图 10-15 所示。

Step 15 打开"图层特性管理器"面板，关闭"轴线"图层，如图所 10-16 示。

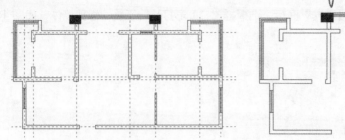

图 10-15　绘制窗户　　　　　　图 10-16　关闭"轴线"图层

Step 16 执行"矩形""复制"命令，绘制矩形推拉门，如图 10-17 所示。

Step 17 执行"直线"命令，绘制梁，再设置线型与比例，如图 10-18 所示。

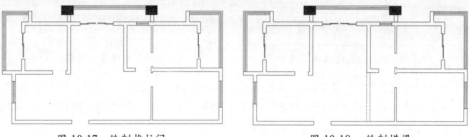

图 10-17　绘制推拉门　　　　　　图 10-18　绘制横梁

Step 18 再绘制其他区域的梁图形，如图 10-19 所示。

Step 19 执行"圆"命令，绘制卫生间下水管，如图 10-20 所示。

Step 20 执行"矩形"命令，绘制 105mm×280mm 的电箱，执行"直线"命令，绘制电箱符号，如图 10-21 所示。

Step 21 执行"图案填充"命令，设置填充图案 SOLID 填充电箱，如图 10-22 所示。

图 10-19　绘制其他的梁　　　图 10-20　绘制水管　图 10-21　绘制电箱　　图 10-22　填充电箱

Step 22 执行"矩形""直线"命令，绘制 105mm×280mm 的弱电箱，如图 10-23 所示。

Step 23 执行"矩形""直线""偏移"命令，绘制 430mm×530mm 的烟道，如图 10-24 所示。

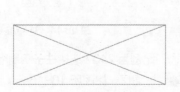
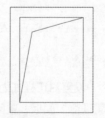

图 10-23　绘制弱电箱　　　图 10-24　绘制烟道

Step 24 执行"移动"命令，将电箱、烟道移动到相应位置，如图 10-25 所示。

Step 25 新建"W 文字"图层，设置图层颜色，如图 10-26 所示。

图 10-25　移动电箱

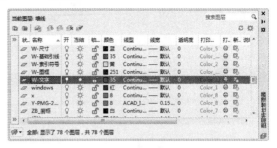

图 10-26　新建图层

Step 26 新建"文字说明"样式，设置文字字体为"宋体"，文字高度为110mm，并置为当前，如图 10-27 所示。

Step 27 执行"多行文字"命令，创建多行文字，如图 10-28 所示。

图 10-27　新建文字样式

图 10-28　创建多行文字

Step 28 执行"复制"命令，复制说明文字，双击文字更改文字内容，如图 10-29 所示。

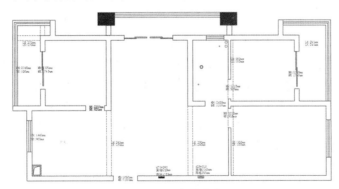

图 10-29　复制文字

Step 29 执行"直线"命令，绘制标高符号，执行"图案填充"命令，选择实体图案填充标高符号，如图 10-30 所示。

Step 30 执行"多行文字"命令，创建标高文字，如图 10-31 所示。

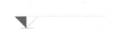

图 10-30　绘制标高符号

图 10-31　创建标高文字

Step 31 执行"复制"命令，复制标高符号和文字，双击文字更改文字内容，如图 10-32 所示。

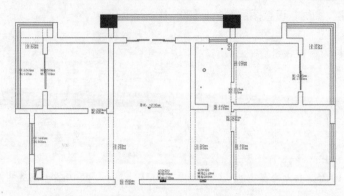

图 10-32　复制标高符号

Step 32 执行"矩形"命令，绘制 20280mm×11060mm 的矩形，执行"偏移"命令，将矩形向内偏移 275mm，如图 10-33 所示。

Step 33 执行"拉伸"命令，选择内侧矩形左侧节点，向右拉伸 1100mm，如图 10-34 所示。

Step 34 执行"移动"命令，将户型图移动至矩形图框中心，如图 10-35 所示。

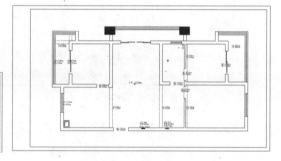

图 10-33　绘制图框　　　图 10-34　调整图框　　　图 10-35　移动图形

Step 35 打开"标注样式管理器"对话框，新建样式"平面标注"，如图 10-36 所示。

Step 36 在"新建标注样式"对话框中设置"线"选项卡的参数，勾选固定长度的尺寸界线，设置长度为 8，其他参数默认，如图 10-37 所示。

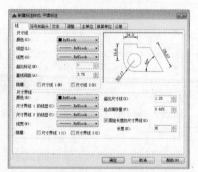

图 10-36　新建标注样式　　　　图 10-37　设置线参数

Step 37 设置"符号"类型为建筑标记，设置文字颜色为红色，如图 10-38 所示。

Step 38 设置全局比例为 50，再设置单位精度为 0，如图 10-39 所示。

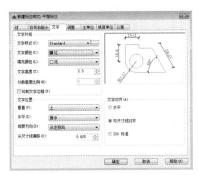

图 10-38 设置箭头和符号   图 10-39 设置主单位

Step 39 执行"构造线"命令，绘制标注参考线，执行"偏移"命令，偏移构造线，如图 10-40 所示。

Step 40 执行"线性""连续"命令，标注墙体尺寸，执行"删除"命令，删除构造线，如图 10-41 所示。

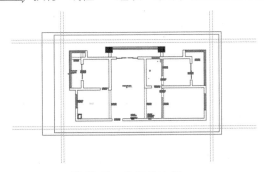
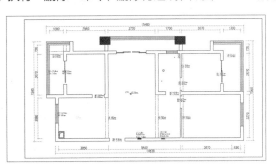

图 10-40 绘制构造线   图 10-41 标注尺寸

Step 41 执行"圆""直线"命令绘制圆形图例符号，执行"多行文字"命令，标注图例文字，如图 10-42 所示。

Step 42 执行"多行文字"命令，标注图例文字。执行"复制"命令，复制文字，双击文字更改文字内容，如图 10-43 所示。

图 10-42 绘制图例符号   图 10-43 绘制图例文字

Step 43 执行"移动"命令，将图例文字说明移动到相应位置，最终效果如图 10-44 所示。

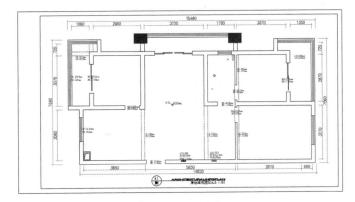

图 10-44 原始结构图

10.1.2 绘制平面布置图

平面布置图是室内设计的第一步，也是最重要的一步。平面布局的设计，关联着室内空间的六个面，只有当六个面保持着整体性、连贯性、通透性，室内轮廓线条与外界的环境相适应，室内的各个空间的颜色相互协调且与当时的环境相呼应，我们才能够更好地表达室内的主题。

客厅的布局主要表现的是整体家居平面布置，也是最大的亮点，本案例中的客餐厅相连，这里介绍一下客餐厅平面图的绘制过程。

Step 01 执行"复制"命令，复制一份原始户型图，如图10-45所示。

Step 02 执行"删除"命令，删除文字标注及梁轮廓线等，如图10-46所示。

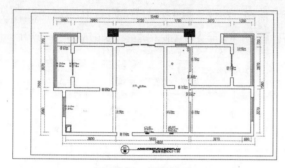

图10-45 复制图形

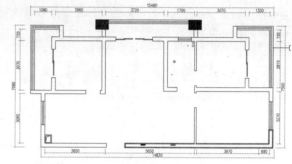

图10-46 删除文字和轮廓

Step 03 执行"矩形"命令，绘制1800mm×400mm的电视柜，执行"偏移"命令，将矩形向内偏移20mm，如图10-47所示。

Step 04 执行"插入"→"块"命令，单击"浏览"命令，选择电视机平面图块，导入电视机平面，如图10-48所示。

Step 05 执行"移动""旋转"命令，调整电视机位置，如图10-49所示。

Step 06 执行"插入"→"块"命令，单击"浏览"命令，选择沙发图块，导入沙发图块，如图10-50所示。

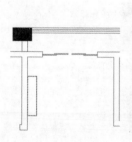

图10-47 绘制电视柜

10-48 导入电视机模型

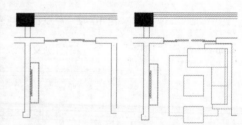

图10-49 移动电视机 10-50 导入沙发模型

Step 07 删除原墙体，再执行"直线""偏移"命令，绘制储藏室隔墙，执行"圆角""修剪"命令，修剪墙体，如图10-51所示。

Step 08 执行"直线"命令，绘制装饰柜平面，打开"特性"面板，选择线型ACADISO03W100，如图10-52所示。

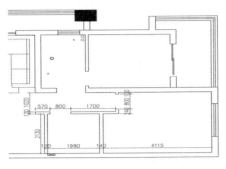

图 10-51　绘制隔墙

10-52　绘制装饰柜

Step 09 执行"插入"→"块"命令，插入餐桌图块，执行"移动""旋转"命令，调整餐桌到合适的位置，如图 10-53 所示。

Step 10 执行"直线""矩形"命令，绘制卧室衣柜平面，执行"偏移"命令，偏移 20mm 的衣柜厚度，如图 10-54 所示。

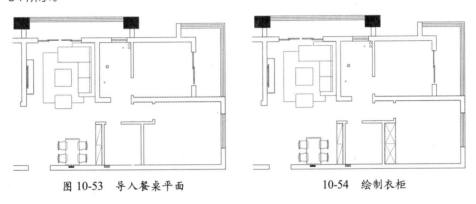

图 10-53　导入餐桌平面　　　　　　　　10-54　绘制衣柜

Step 11 执行"插入"→"块"命令，插入双人床图块，再调整双人床位置，如图 10-55 所示。

Step 12 执行"矩形"命令，绘制 800mm×500mm 的矩形书桌，执行"插入"→"块"命令，导入椅子、电视机图块，如图 10-56 所示。

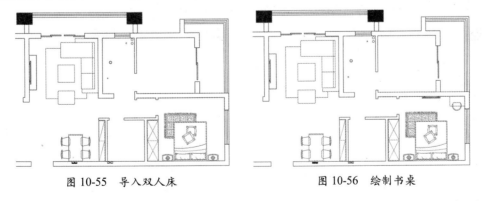

图 10-55　导入双人床　　　　　　　　图 10-56　绘制书桌

Step 13 执行"矩形"命令，绘制 800mm×40mm 的门扇平面，执行"圆弧"命令，选择"起点、端点、角度"，绘制主卧房门弧形，如图 10-57 所示。

Step 14 执行"偏移"命令，将直线向内偏移 600mm，绘制更衣室柜体，执行"修剪"命令，修剪直线，如图 10-58 所示。

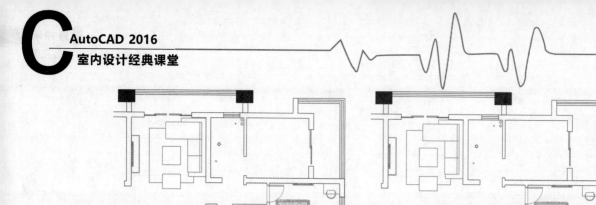

图 10-57 绘制房门   图 10-58 绘制储藏柜

Step 15 执行"偏移"命令，将直线向内偏移 20mm，绘制柜体厚度，执行"修剪"命令，修剪直线，如图 10-59 所示。

Step 16 执行"直线"命令，绘制柜子装饰线，打开"特性"面板，更改直线颜色为 8 号色，如图 10-60 所示。

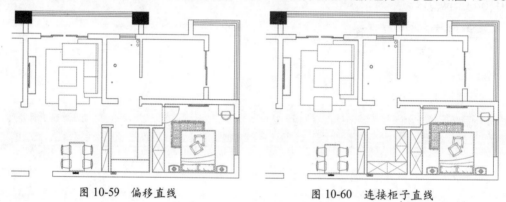

图 10-59 偏移直线   图 10-60 连接柜子直线

Step 17 执行"复制"命令，复制卧室房门，执行"旋转""移动"命令，将门移动到储藏室，如图 10-61 所示。

Step 18 执行"矩形"命令，绘制 1800mm×600mm 的衣柜平面，执行"偏移"命令，绘制 20mm 的衣柜厚度，执行"直线"命令，绘制柜子装饰线，如图 10-62 所示。

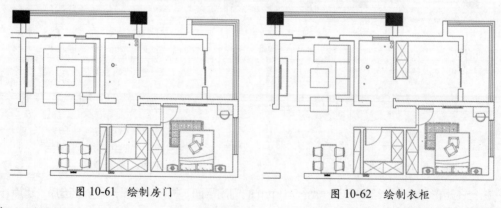

图 10-61 绘制房门   图 10-62 绘制衣柜

Step 19 执行"插入"→"块"命令，导入双人床图块，执行"删除"命令，删除右边床头柜，执行"移动"命令，调整双人床位置，如图 10-63 所示。

Step 20 执行"矩形"命令，绘制 800mm×40mm 的门，执行"圆"命令，绘制半径为 800mm 的圆，执行"修剪"命令,修剪圆形,绘制次卧室门图形,如图 10-64 所示。

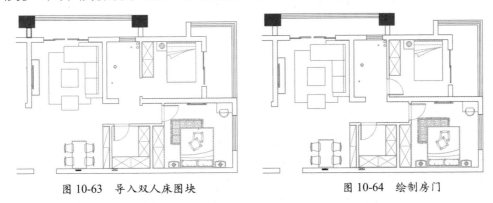

图 10-63 导入双人床图块   图 10-64 绘制房门

Step 21 执行"直线""偏移"命令,绘制 100mm 厚的卫生间隔墙,执行"修剪"命令,绘制 800mm 的门洞,如图 10-65 所示。

Step 22 执行"矩形"命令,绘制 800mm×40mm 的门,执行"圆"命令,绘制半径为 800mm 的圆,执行"修剪"命令,修剪圆形,绘制出卫生间门图形,如图 10-66 所示。

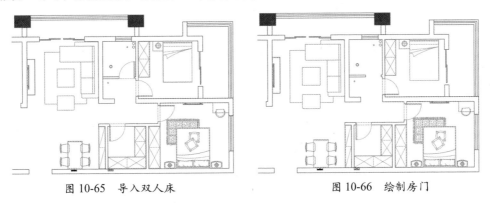

图 10-65 导入双人床   图 10-66 绘制房门

Step 23 执行"直线"命令,绘制 50mm 宽的洗手台面,执行"插入"→"块"命令,导入洗手盆图块,执行"旋转""移动"命令,调整洗手盆位置,如图 10-67 所示。

Step 24 执行"插入"→"块"命令,导入马桶图块,执行"旋转""移动"命令,调整马桶位置,如图 10-68 所示。

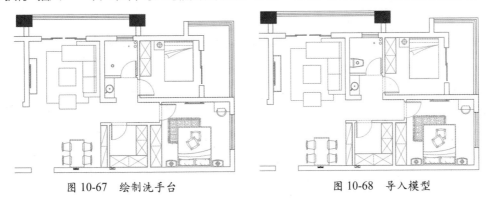

图 10-67 绘制洗手台   图 10-68 导入模型

Step 25 执行"直线""偏移"命令,绘制淋浴挡水条,执行"矩形"命令,绘制 372mm×200mm 的封管道,如图 10-69 所示。

Step 26 执行"多段线"命令，设置线宽50，绘制淋浴，执行"圆"命令，绘制淋浴喷头，如图10-70所示。

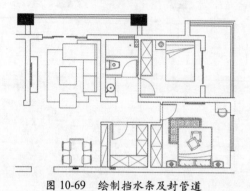 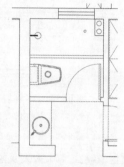

图 10-69　绘制挡水条及封管道　　　　图 10-70　绘制淋浴喷头

Step 27 执行"插入"→"块"命令，导入休闲椅图块，执行"旋转""移动"命令，调整至相应位置，如图10-71所示。

Step 28 执行"直线""偏移"命令，绘制厨房隔墙，执行"修剪"命令，修剪墙体，如图10-72所示。

 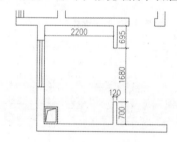

图 10-71　导入休闲椅图块　　　　图 10-72　绘制厨房隔墙

Step 29 执行"偏移"命令，设置偏移距离600mm，绘制橱柜平面，执行"修剪"命令，修剪橱柜台面，执行"特性匹配"命令，调整台面直线颜色，如图10-73所示。

Step 30 执行"插入"→"块"命令，导入冰箱、灶台等图块，执行"旋转""移动"命令，调整至相应位置，如图10-74所示。

 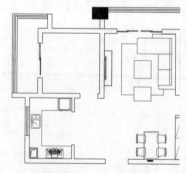

图 10-73　绘制台面　　　　图 10-74　导入模型

Step 31 执行"矩形"命令，绘制1470mm×300mm的吊柜外框，执行"偏移"命令，将矩形向内偏移20mm，执行"直线"命令，连接直线，如图10-75所示。

Step 32 执行"矩形"命令，绘制 840mm×40mm 的推拉门，再执行"矩形""偏移""直线"命令，绘制 1200mm×350mm 的矩形鞋柜，如图 10-76 所示。

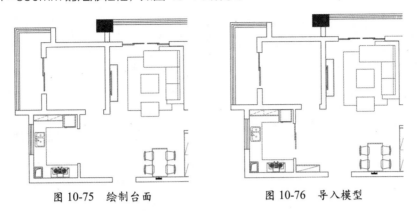

图 10-75　绘制台面　　　　　　　　图 10-76　导入模型

Step 33 执行"插入"→"块"命令，导入植物图块，如图 10-77 所示。

Step 34 执行"直线"命令，绘制书柜平面，执行"偏移""修剪"命令，修剪书柜造型，如图 10-78 所示。

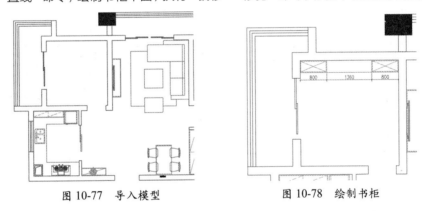

图 10-77　导入模型　　　　　　　　图 10-78　绘制书柜

Step 35 执行"插入"→"块"命令，导入书桌图块，执行"旋转""移动"命令，调整至相应位置，如图 10-79 所示。

Step 36 执行"复制"命令，复制卧室门，执行"移动""旋转"命令，将门移动至书房，如图 10-80 所示。

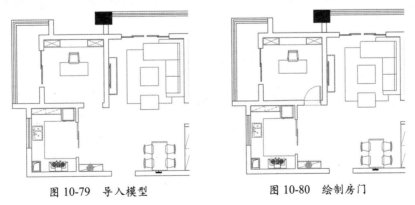

图 10-79　导入模型　　　　　　　　图 10-80　绘制房门

Step 37 执行"插入"→"块"命令，导入植物图块，执行"缩放""移动"命令，调整至阳台，如图 10-81 所示。

Step 38 新建"文字说明"文字样式，调整文字字体为"宋体"，文字大小为 80，将该样式置为当前，如图 10-82 所示。

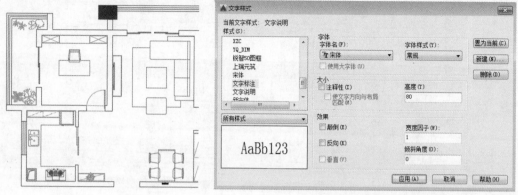

图 10-81 导入模型 　　　　　　　　　图 10-82 新建文字样式

Step 39 执行"多行文字"命令，创建文字说明，执行"复制"命令，复制文字到各个空间，双击文字更改文字内容，如图 10-83 所示。

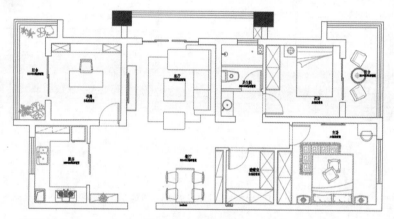

图 10-83 标注文字

Step 40 双击图例说明文字，更改文字内容，至此平面布置图绘制完成，如图 10-84 所示。

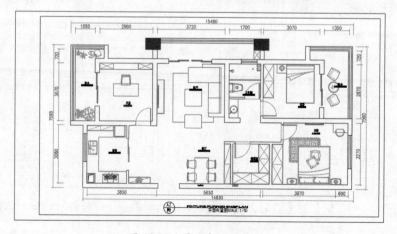

图 10-84 平面布置图效果

10.1.3 绘制地面布置图

平面布置完成后，应对各个空间的地面材质进行布置，地面布置图能够反映出住宅地面材质及造型的效果，可在平面图的基础上，运用图案填充命令，对地面布置图进行完善。

Step 01 执行"复制"命令，复制一份平面布置图，如图 10-85 所示。

Step 02 执行"删除"命令，删除文字说明，如图 10-86 所示。

 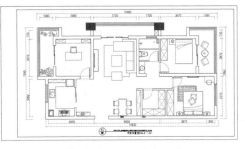

图 10-85 复制平面图形　　　　　　图 10-86 删除多余图形

Step 03 执行"直线"命令，连接墙体绘制过门石轮廓，如图 10-87 所示。

Step 04 执行"图案填充"命令，选择填充图案类型为"用户定义"，选择"双向"复选框，设置填充间距为 800mm，填充客餐厅地面区域，如图 10-88 所示。

图 10-87 绘制过门石　　　　　　图 10-88 填充客餐厅

Step 05 执行"图案填充"命令，选择填充图案类型"用户定义"，选择"双向"复选框，设置填充间距为 300mm，填充厨房及卫生间区域，如图 10-89 所示。

Step 06 执行"图案填充"命令，选择填充图案类型"预定义"，设置填充图案 DOLMIT，填充比例为15，填充卧室及书房区域，如图 10-90 所示。

图 10-89 填充厨房、卫生间　　　　　　图 10-90 填充卧室及书房

Step 07 执行"图案填充"命令，选择填充图案类型"用户定义"，选择"双向"复选框，设置填充间距为 300mm，填充阳台地面区域，如图 10-91 所示。

Step 08 执行"图案填充"命令,选择填充图案类型"预定义",设置填充图案"AR-CONC",填充比例为1,填充过门石地面,如图10-92所示。

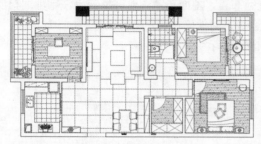
图 10-91　填充阳台地面

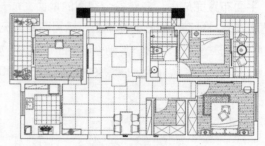
图 10-92　填充过门石

Step 09 执行"快速引线"命令,绘制地面材料说明,执行"复制"命令,复制文字说明,双击文字更改文字内容,完成地面布置图的绘制,如图10-93所示。

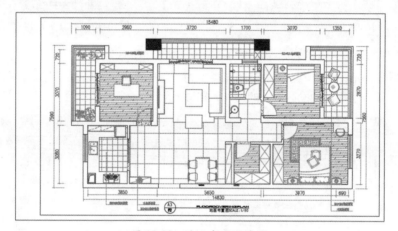
图 10-93　地面布置图效果

10.1.4　绘制顶面布置图

顶面布置图是施工图纸中的重要图纸之一,它能够反映出住宅顶面造型的效果。顶面布置图通常由顶面造型线、标高、材料注释、灯具图块及灯具列表组成。

Step 01 执行"复制"命令,复制一份平面布置图,如图10-94所示。

Step 02 执行"删除"命令,删除文字和家具等图形,如图10-95所示。

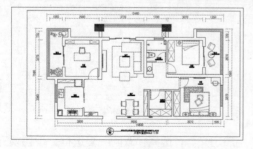
图 10-94　复制平面图

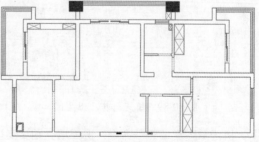
图 10-95　删除图形

Step 03 执行"矩形"命令，捕捉客厅墙体绘制矩形，执行"偏移"命令，设置偏移距离350mm，向内偏移矩形，如图10-96所示。

Step 04 执行"偏移"命令，将内部矩形向外偏移50mm，绘制灯带线条，再删除墙体边上的矩形，如图10-97所示。

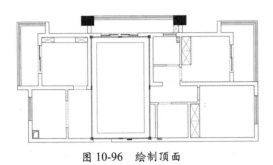

图10-96 绘制顶面

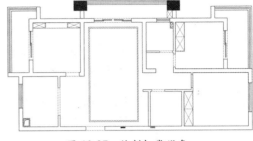

图10-97 绘制灯带线条

Step 05 打开"特性"面板，选择偏移的矩形，设置线型ACAD-ISO03W100，线型比例为5，如图10-98所示。

Step 06 执行"矩形"命令，绘制2375mm×835mm的矩形，执行"移动"命令，移动到距墙350mm的位置，如图10-99所示。

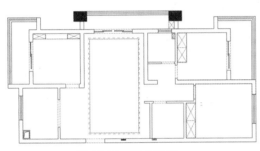

图10-98 修改线型

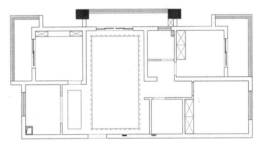

图10-99 绘制矩形顶面

Step 07 执行"插入"→"块"命令，为客厅位置插入吊灯图块，如图10-100所示。

Step 08 依次插入其他灯具图块，如吸顶灯、筒灯等，放置到合适的位置，如图10-101所示。

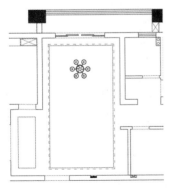

图10-100 插入吊灯图块

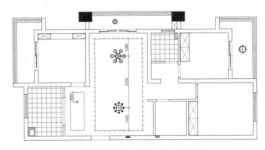

图10-101 插入灯具图块

Step 09 执行"复制"命令，复制灯具图形，如图10-102所示。

Step 10 执行"矩形"命令，捕捉书房四角绘制矩形，执行"偏移"命令，依次将矩形向内偏移30mm、50mm，绘制石膏线条，如图10-103所示。

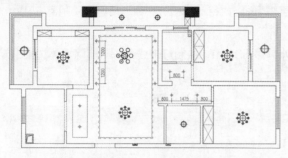

图 10-102　复制灯具图形

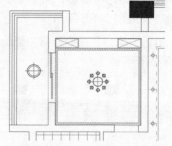

图 10-103　绘制石膏线条

Step 11 执行"图案填充"命令，选择填充图案类型"用户定义"，选择"双向"复选框，设置填充间距为 300，填充卫生间及厨房区域，如图 10-104 所示。

Step 12 执行"矩形"命令，绘制 300mm×300mm、圆角半径为 20mm 的矩形，如图 10-105 所示。

Step 13 执行"偏移"命令，设置偏移距离 20mm，向内偏移矩形，如图 10-106 所示。

Step 14 执行"圆"命令，绘制半径为 88mm、75mm 的同心圆，执行"直线"命令，绘制垂直交叉的直线并旋转 45°，绘制灯具图形，如图 10-107 所示。

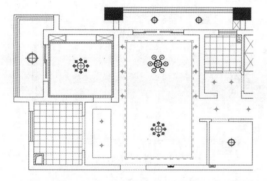

图 10-104　填充厨房顶面　　　图 10-105　绘制圆角矩形　图 10-106　偏移矩形　图 10-107　绘制圆形与直线

Step 15 移动灯具图形到合适的位置，执行"插入"→"块"命令，导入浴霸图块，如图 10-108 所示。

Step 16 为顶面布置图添加标高，并修改标高尺寸，如图 10-109 所示。

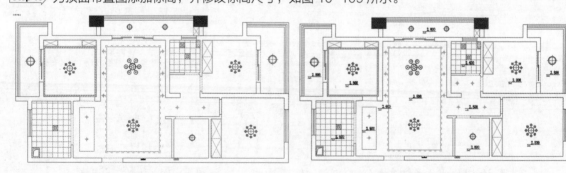

图 10-108　导入浴霸图块　　　　　　　　　　图 10-109　添加标高

Step 17 执行"多行文字"命令，绘制顶面吊顶文字说明，复制文字更改文字内容，如图 10-110 所示。

Step 18 双击图例说明文字更改文字内容，顶面效果图绘制完成，如图 10-111 所示。

图 10-110　添加文字说明　　　　　图 10-111　顶面布置效果图

10.1.5　绘制开关布置图

开关布置图主要是表现室内的开关布置以及线路分布，图纸另外附了开关图例表格，下面介绍绘制步骤：

Step 01 执行"矩形"命令，绘制 4340mm×3435mm 的矩形图框，执行"分解"命令，分解矩形框，执行"偏移"命令，设置偏移尺寸为 620mm，依次向下偏移直线，如图 10-112 所示。

Step 02 执行"多行文字"命令，设置文字字体为宋体，绘制图例文字，如图 10-113 所示。

Step 03 执行"圆""图案填充"命令，绘制圆并进行填充，执行"直线"命令，绘制符号按钮，如图 10-114 所示。

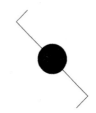

图 10-112　绘制图表　　图 10-113　标注文字　　图 10-114　绘制开关符号

Step 04 执行"矩形"命令，设置矩形圆角半径为 5，绘制边长为 265mm 的圆角矩形，执行"偏移"命令，向内偏移 23mm，如图 10-115 所示。

Step 05 执行"移动"命令，将文字说明和符号移动至表格中，如图 10-116 所示。

Step 06 执行"复制"命令，依次向下复制图例符号，执行"直线"命令，更改图形符号，再双击文字更改内容，如图 10-117 所示。

图 10-115　绘制开关面板　　图 10-116　移动文字和符号　　图 10-117　复制图例符号

Step 07 执行"复制"命令，复制一份顶面布置图，执行"缩放"命令，设置缩放比例为 1.2，放大图框，如图 10-118 所示。

Step 08 执行"移动"命令，将图例表格移动到图框右下角，如图 10-119 所示。

图 10-118 缩放图框

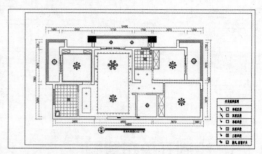
图 10-119 移动图例表格

Step 09 执行"复制"命令，将开关符号复制到相应位置，执行"旋转"命令，旋转开关符号，如图 10-120 所示。

Step 10 执行"圆弧"命令，连接开关符号和灯具，开关布置图绘制完毕，如图 10-121 所示。

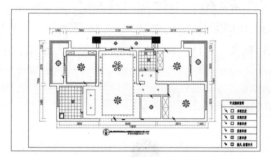
图 10-120 布置开关位置

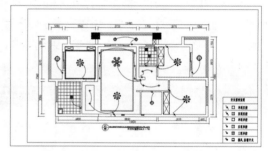
图 10-121 连接开关符号

10.1.6 绘制插座布置图

插座布置图主要表现的是插座类型与位置的布置，便于工人施工时使用，绘制步骤如下。

Step 01 执行"复制"命令，复制一份平面布置图，双击图例说明文字更改为插座布置图，如图 10-122 所示。

Step 02 打开"图层特性管理器"面板，设置"家具"图层颜色为灰色，如图 10-123 所示。

图 10-122 复制平面布置图

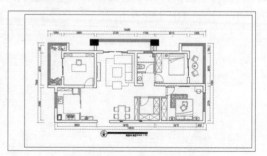
图 10-123 更改图层颜色

Step 03 执行"矩形"命令，绘制 4320mm×2650mm 的矩形图框，执行"分解"命令，分解矩形框，执行"偏移"命令，偏移直线，如图 10-124 所示。

Step 04 执行"多行文字"命令，设置文字字体为宋体，绘制图例文字，如图 10-125 所示。

Step 05 执行"圆弧""直线"命令，绘制插座符号，执行"图案填充"命令，填充符号，如图 10-126 所示。

Step 06 执行"复制"命令，依次向下复制图例符号，执行"直线"命令，更改图形符号，双击文字更改内容，如图 10-127 所示。

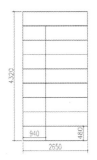

图 10-124 绘制图表　　　图 10-125 标注文字　　　图 10-126 绘制插座符号　　　图 10-127 绘制图例表

Step 07 执行"移动"命令，指定矩形图框的右下角点，将图例移动到图框右下角，如图 10-128 所示。

Step 08 执行"复制""旋转"命令，绘制插座组合，执行"移动"命令，调整插座组合位置，如图 10-129 所示。

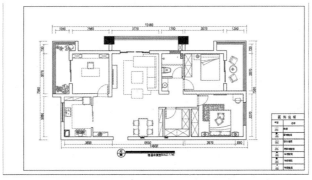

图 10-128 移动图例表格　　　　　　　图 10-129 复制插座符号

Step 09 执行"创建"→"块"命令，设置块名称"插座组合"，指定中心点为基点，创建成块，如图 10-130 所示。

Step 10 执行"复制"命令，复制插座图块，执行"旋转""移动"命令，调整到客厅区域，如图 10-131 所示。

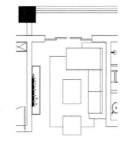

图 10-130 创建块　　　　　图 10-131 复制并移动插座

Step 11 继续执行"复制"命令，复制插座图块，执行"旋转""移动"命令，调整插座位置，完成插座布置图的绘制，如图 10-132 所示。

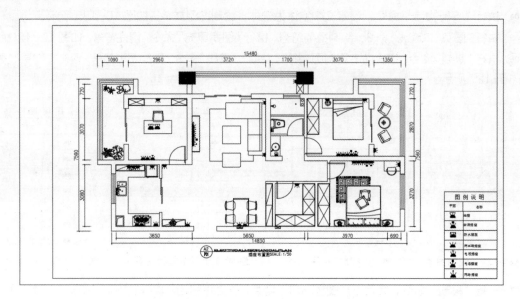

图 10-132　插座平面布置图

10.2 绘制居室立面图

装饰立面图是将建筑物外观墙面或内部墙面向铅直的投影面所做的正投影图，主要反映的是墙面的装饰造型、饰面处理、剖切吊顶顶棚的断面形状以及投影到的灯具等内容。

10.2.1 绘制客厅立面图

客厅是家居设计中的亮点，主要体现在电视背景墙上，下面就结合平面图纸中的尺寸布置绘制出客厅立面图，绘制步骤如下。

Step 01 复制平面布置图，执行"矩形""旋转""修剪"命令，修剪图形，如图 10-133 所示。

Step 02 执行"直线""偏移""修剪"命令，绘制直线并偏移 2800mm，再修剪图形，如图 10-134 所示。

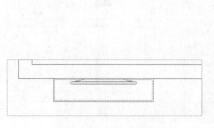

图 10-133　修剪平面

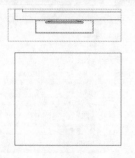

图 10-134　绘制立面外框

Step 03 执行"偏移"命令，将直线向下偏移200mm，执行"图案填充"命令，选择填充图案ANSI31，设置填充比例为20，拾取填充范围，如图10-135所示。

Step 04 执行"偏移"命令，将左右两边直线分别向内偏移700mm，执行"修剪"命令，修剪直线，如图10-136所示。

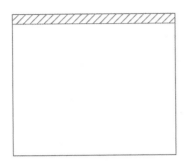
图10-135 填充吊顶层

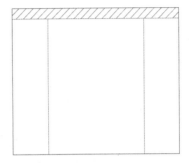
图10-136 偏移并修剪直线

Step 05 执行"矩形"命令，捕捉对角点绘制2300mm×400mm的矩形辅助线，执行"偏移"命令，将矩形依次向内偏移30mm、20mm，如图10-137所示。

Step 06 选择中间矩形，打开"特性"面板，更改矩形颜色为"8号"灰色，如图10-138所示。

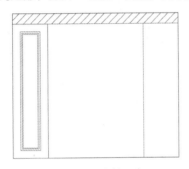
图10-137 绘制线条

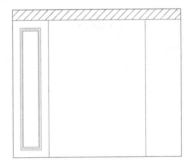
图10-138 修改线型颜色

Step 07 执行"图案填充"命令，选择填充图案CROSS，设置填充比例为10，填充墙面造型，如图10-139所示。

Step 08 执行"插入"→"块"命令，打开"插入"对话框，选择壁灯图块，如图10-140所示。

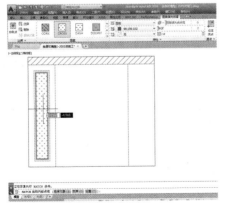
图10-139 填充图案

图10-140 选择壁灯图块

Step 09 执行"移动"命令，将壁灯移动到相应位置，执行"缩放"命令，调整壁灯大小，如图 10-141 所示。

Step 10 执行"镜像"命令，以立面造型中心为镜像点，镜像复制背景墙造型，如图 10-142 所示。

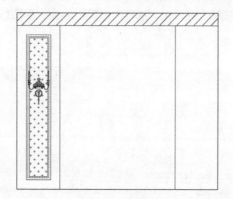

图 10-141　调整壁灯

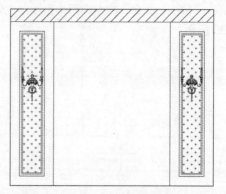

图 10-142　镜像复制

Step 11 执行"格式"→"点样式"命令，打开"点样式"对话框，选择点样式，如图 10-143 所示。

Step 12 执行"定数等分"命令，选择直线，设置等分数量为6，如图 10-144 所示。

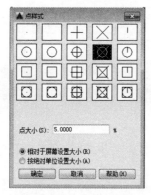

图 10-143　设置点样式

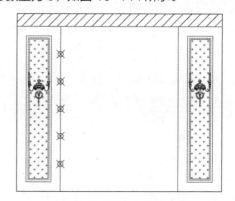

图 10-144　等分直线

Step 13 执行"直线"命令，连接等分点依次绘制直线，如图 10-145 所示。

Step 14 执行"直线"命令，选择直线中心点向下绘制直线，执行"偏移"命令，将第二排直线分别向两边偏移 500mm，再删除中线，如图 10-146 所示。

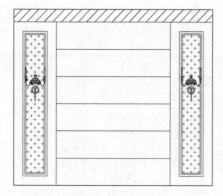

图 10-145　绘制直线

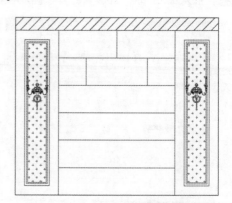

图 10-146　偏移并删除直线

Step 15 执行"复制"命令,选择竖向直线,依次向下复制,如图 10-147 所示。

Step 16 执行"插入"→"块"命令,打开"插入"对话框,选择电视柜图块,如图 10-148 所示。

图 10-147　复制直线

图 10-148　选择电视柜

Step 17 执行"拉伸"命令,调整电视柜宽度,执行"移动"命令,将电视柜移动到背景墙中心点,如图 10-149 所示。

Step 18 执行"图案填充"命令,选择填充图案 AR-CONC,设置填充比例为 1,填充背景墙,如图 10-150 所示。

图 10-149　调整电视柜大小

图 10-150　填充背景墙

Step 19 执行"插入"→"块"命令,导入电视机图块,如图 10-151 所示。

Step 20 执行"修剪"命令,修剪填充图案和直线,如图 10-152 所示。

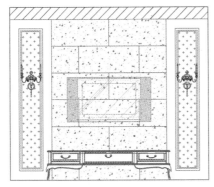

图 10-151　导入电视机图块

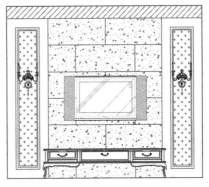

图 10-152　修剪填充图案

Step 21 执行"矩形"命令，绘制 7980mm×5640mm 的矩形，执行"偏移"命令，将矩形向内偏移 5mm，如图 10-153 所示。

Step 22 执行"拉伸"命令，将内部矩形左边向内拉伸 380mm，如图 10-154 所示。

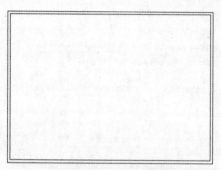

图 10-153　绘制矩形框

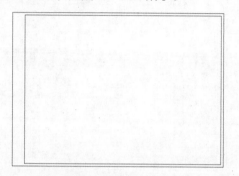

图 10-154　拉伸矩形

Step 23 执行"移动"命令，将图形移动至图框中，如图 10-155 所示。

Step 24 打开"创建新标注样式"对话框，新建"立面标注"样式，如图 10-156 所示。

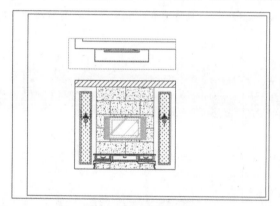

图 10-155　移动图形

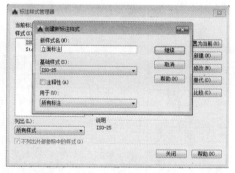

图 1-156　新建标注样式

Step 25 设置"线"选项卡的参数，勾选固定长度的尺寸界线，设置长度为 8，如图 10-157 所示。

Step 26 设置"符号和箭头"选项卡的参数，设置箭头符号为"建筑标记"，如图 10-158 所示。

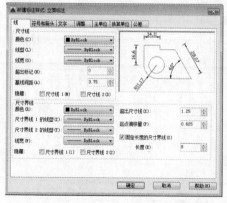

图 10-157　设置线

图 10-158　设置符号和箭头

Step 27 设置"调整"选项卡的参数，使用全局比例为 20，其余参数默认，如图 10-159 所示。

Step 28 设置"主单位"选项卡的参数，设置精度为 0，其余参数默认，如图 10-160 所示。

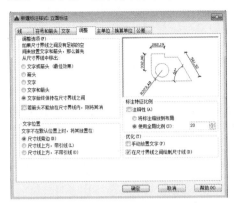

图 10-159 设置全局比例

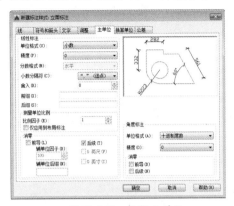

图 10-160 设置主单位

Step 29 选择"立面标注"样式，将其置为当前标注样式，如图 10-161 所示。

Step 30 执行"线性""连续"命令，标注立面尺寸，如图 10-162 所示。

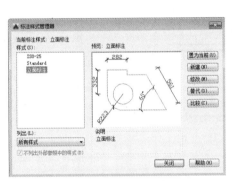

图 10-161 置为当前

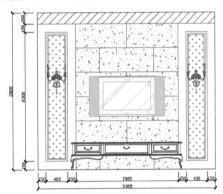

图 10-162 标注尺寸

Step 31 执行"快速引线"命令，绘制引线标注，双击文字，更改文字大小和字体，标注材料名称，如图 10-163 所示。

Step 32 执行"复制"命令，依次向下复制引线说明，双击文字更改文字内容，如图 10-164 所示。

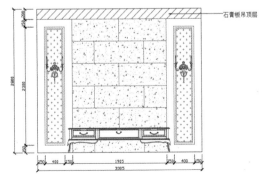

图 10-163 创建快速引线

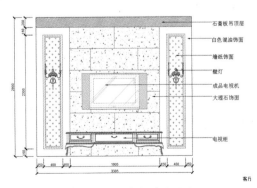

图 10-164 复制并修改引线

Step 33 执行"圆""直线"命令,绘制图例符号,如图 10-165 所示。

Step 34 执行"多行文字"命令,绘制引文字说明,执行"复制"命令,复制文字说明,双击文字,更改文字大小和字体,如图 1-166 所示。

| 图 10-165 绘制图例符号 | 图 10-166 绘制文字说明 |

Step 35 执行"移动"命令,将图例说明移动到合适位置,完成客厅立面图的绘制,如图 10-167 所示。

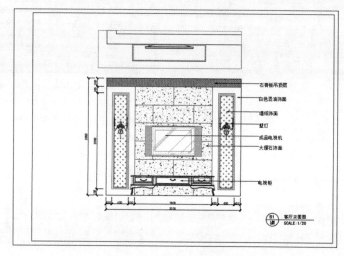

图 10-167 客厅立面图效果

10.2.2 绘制卧室立面图

下面根据平面图绘制卧室立面图,绘制步骤如下:

Step 01 复制卧室区域平面图,执行"矩形""旋转""修剪"命令,绘制矩形并修剪图形,如图 10-168 所示。

Step 02 执行"直线""偏移""修剪"命令,根据平面尺寸图绘制立面外框,如图 10-169 所示。

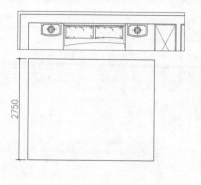

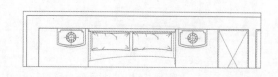

图 10-168 修剪平面

图 10-169 绘制立面外框

Step 03 执行"偏移"命令，将直线向下偏移200mm，执行"图案填充"命令，选择填充图案ANSI31，设置填充比例20，填充吊顶区域，如图10-170所示。

Step 04 执行"偏移"命令，将地面直线依次向上偏移50mm、30mm、50mm，绘制踢脚线，如图10-171所示。

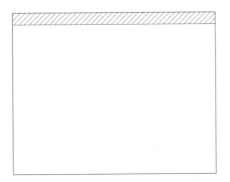

图 10-170 绘制吊顶层

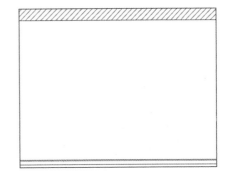

图 10-171 偏移踢脚线

Step 05 执行"偏移"命令，将左边直线依次向右偏移160mm、450mm、120mm，如图10-172所示。

Step 06 执行"偏移"命令，将踢脚线依次向上偏移120mm、500mm、1560mm，如图10-173所示。

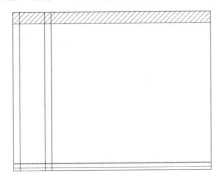

图 10-172 偏移造型

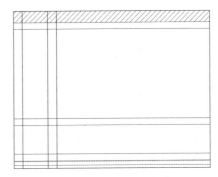

图 10-173 偏移造型

Step 07 执行"修剪"命令，修剪图形，再执行"矩形"命令，绘制墙面造型，如图10-174所示。

Step 08 执行"偏移"命令，将矩形依次向内偏移20mm、10mm，如图10-175所示。

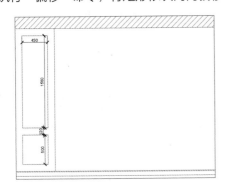

图 10-174 绘制矩形造型

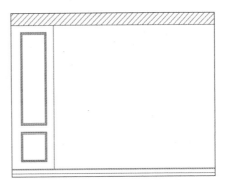

图 10-175 偏移图形

Step 09 选择中间矩形，打开"特性"面板，更改矩形颜色为"8号"灰色，如图10-176所示。

Step 10 执行"图案填充"命令，选择填充图案 ANSI35，设置填充角度为 45，填充比例为 10，填充墙面造型，如图 10-177 所示。

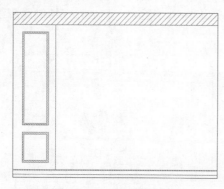

图 10-176　修改线型颜色

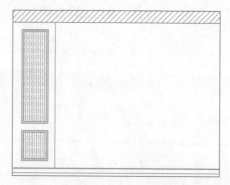

图 10-177　填充墙纸

Step 11 执行"镜像"命令，以背景墙中心点为基点，镜像复制造型，如图 10-178 所示。

Step 12 执行"矩形"命令，捕捉造型角点绘制矩形，执行"偏移"命令，将矩形依次向内偏移 20mm、30mm，如图 10-179 所示。

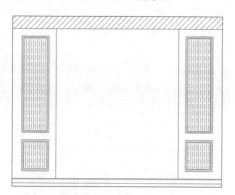

图 10-178　镜像复制

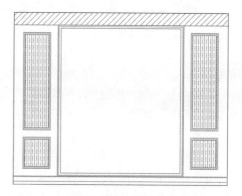

图 10-179　绘制线条

Step 13 执行"图案填充"命令，选择图案类型"用户定义"，设置填充角度为 45，选择"双向"复选框，设置间距为 400mm，填充背景墙造型，如图 10-180 所示。

Step 14 执行"插入"→"块"命令，打开"插入"对话框，选择双人床图块，如图 10-181 所示。

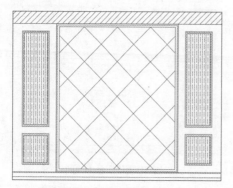

图 10-180　填充背景墙

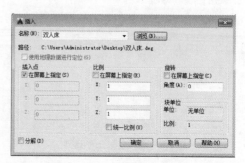

图 10-181　选择双人床图块

Step 15 执行"移动"命令，将双人床移动至造型中心，如图 10-182 所示。

Step 16 执行"修剪"命令，修剪背景墙造型和双人床交叉部分，如图 10-183 所示。

图 10-182　绘制吊顶层

图 10-183　修剪图案

Step 17 执行"插入"→"块"命令，导入装饰画图块，执行"修剪"命令，修剪被覆盖的图形，如图 10-184 所示。

Step 18 执行"线性""连续"命令，标注立面尺寸，如图 10-185 所示。

图 10-184　导入装饰画

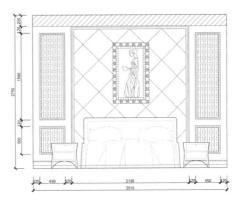
图 10-185　标注尺寸

Step 19 执行"快速引线"命令，绘制引线标注，执行"复制"命令，依次向下复制引线说明，双击文字更改文字内容，如图 10-186 所示。

Step 20 执行"复制"命令，复制立面图框，移动到相应位置，完成卧室立面图的绘制，如图 10-187 所示。

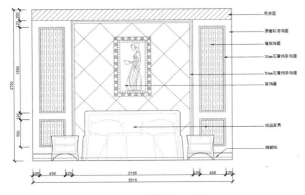
图 10-186　绘制引线说明

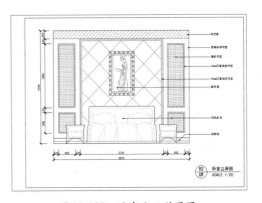
图 10-187　卧室立面效果图

10.3 绘制居室装潢剖面详图

剖面图主要用来表现一些设计细节，有了剖面图，施工人员便可按照图纸尺寸进行施工操作。

10.3.1 绘制客厅吊顶剖面图

下面介绍客厅区域吊顶剖面图形的绘制，具体介绍如下。

Step 01 执行"圆""直线"命令，绘制剖切符号，如图 10-188 所示。

Step 02 执行"多行文字"命令，绘制文字说明，执行"多段线"命令，设置线宽为 5mm，绘制剖切符号，如图 10-189 所示。

图 10-188　绘制剖切符号　　　　　　　　　图 10-189　绘制标注文字

Step 03 执行"移动"命令，选择剖切符号，将符号移动到如图 10-190 所示位置，表示要绘制这个位置的吊顶剖面图。

Step 04 执行"直线""偏移"命令，绘制墙体剖面，执行"倒角"命令，修剪直角，如图 10-191 所示。

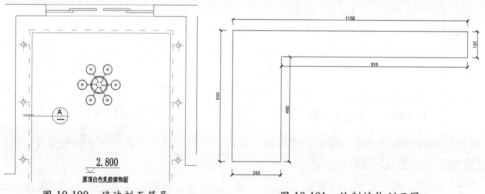

图 10-190　移动剖面符号　　　　　　　　　图 10-191　绘制墙体剖面图

Step 05 执行"图案填充"命令，选择填充图案 ANSI31，设置填充比例为 10，填充墙体，如图 10-192 所示。

Step 06 执行"图案填充"命令，选择填充图案 AR-CONC，设置填充比例为 1，填充墙体，如图 10-193 所示。

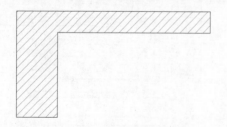

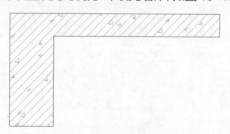

图 10-192　填充墙体　　　　　　　　　　　图 10-193　填充墙体

Step 07 执行"删除"命令，删除部分墙体外框线，如图 10-194 所示。

Step 08 执行"偏移""修剪"命令，绘制剖面造型，如图 10-195 所示。

图 10-194　删除墙体

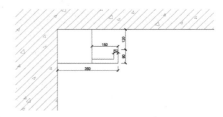

图 10-195　绘制吊顶剖面

Step 09 执行"偏移"命令，偏移 3mm 的顶面乳胶漆厚度，执行"修剪"命令，修剪直线，如图 10-196 所示。

Step 10 执行"偏移"命令，偏移 18mm 的石膏板厚度，执行"修剪"命令，修剪直线，如图 10-197 所示。

图 10-196　偏移直线

图 10-197　偏移直线

Step 11 执行"直线"命令，绘制石膏板填充直线，执行"复制"命令，复制直线，如图 10-198 所示。

Step 12 执行"矩形""直线"命令，绘制 30mm×30mm 的龙骨截面，执行"复制"命令，复制截面，如图 10-199 所示。

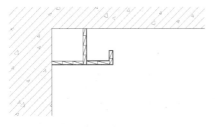

图 10-198　绘制直线

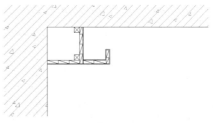

图 10-199　绘制龙骨截面

Step 13 执行"直线"命令，连接龙骨，绘制龙骨横面，如图 10-200 所示

Step 14 执行"矩形"命令，绘制 40mm×20mm 的矩形，绘制灯带截面底座，如图 10-201 所示。

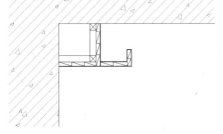

图 10-200　连接龙骨

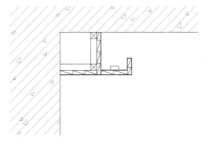

图 10-201　绘制灯带截面底座

Step 15 执行"圆""偏移"命令,绘制半径为 15mm×12mm 的同心圆,执行"直线"命令,绘制灯具符号,如图 10-202 所示。

Step 16 打开"标注样式管理器"对话框,新建标注样式 J-10,如图 10-203 所示。

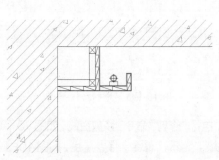

图 10-202 绘制灯具

图 10-203 新建标注样式

Step 17 设置"线"选项卡参数,勾选固定长度的尺寸界线,设置长度为 8,其余参数默认,如图 10-204 所示。

Step 18 设置"符号和箭头"选项卡的参数,设置箭头符号为"建筑标记",设置引线"点",其他参数默认,如图 10-205 所示。

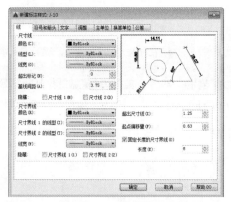

图 10-204 设置线参数

图 10-205 设置符号和箭头

Step 19 设置"文字"选项卡的参数,高度为 3,其他参数默认,如图 10-206 所示。

Step 20 设置"调整"选项卡的参数,使用全局比例为 5,其他参数默认,如图 10-207 所示。

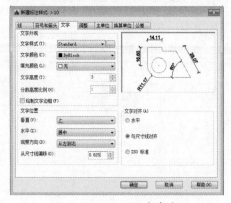

图 10-206 设置文字高度

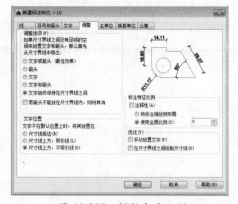

图 10-207 调整全局比例

Step 21 设置主单位精度为0，其他参数默认，关闭对话框并将"J-10"样式置为当前，如图10-208所示。

Step 22 执行"线性""连续"命令，标注剖面图尺寸，如图10-209所示。

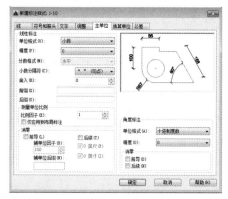

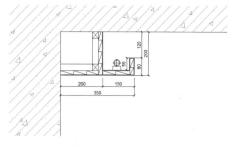

图 10-208　设置全局比例　　　　　　　图 10-209　标注尺寸

Step 23 执行"快速引线"命令，绘制引线标注，执行"复制"命令，依次复制引线说明，双击文字更改文字内容，如图10-210所示。

Step 24 执行"圆""直线""多行文字"命令，绘制图例说明，完成剖面图的绘制，如图10-211所示。

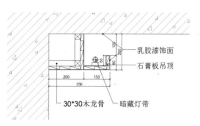

图 10-210　标注文字　　　　　　　图 10-211　绘制图例说明

10.3.2　绘制背景墙造型剖面图

下面介绍电视背景墙造型剖面图的绘制，绘制步骤介绍如下。

Step 01 执行"复制"命令，从顶面布置图中复制顶面剖切符号，调整剖切方向，如图10-212所示。

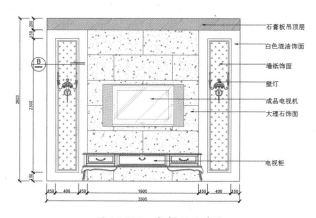

图 10-212　复制剖面符号

Step 02 执行"直线"命令，绘制240mm厚的墙体剖面，执行"多段线"命令，绘制剖切符号，如图 10-213 所示。

图 10-213　绘制墙体剖面

Step 03 执行"图案填充"命令,选择填充图案ANSI31,设置填充比例为10,填充墙体,如图 10-214 所示。

Step 04 执行"图案填充"命令，选择填充图案 AR-CONC，设置填充比例为 1，继续填充墙体，如图 10-215 所示。

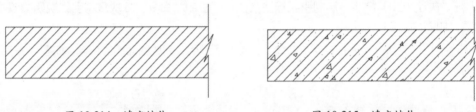

图 10-214　填充墙体　　　　　　　　图 10-215　填充墙体

Step 05 执行"矩形"命令，绘制两个 150mm×38mm 的矩形，间距为 400mm，如图 10-216 所示。

Step 06 分解矩形，执行"偏移""修剪"命令，绘制造型剖面，如图 10-217 所示。

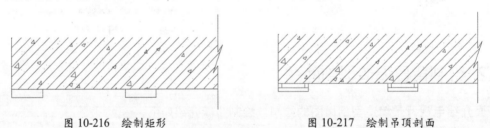

图 10-216　绘制矩形　　　　　　　　图 10-217　绘制吊顶剖面

Step 07 执行"直线"命令，绘制奥松板填充直线，执行"复制"命令，复制直线，如图 10-218 所示。

Step 08 执行"矩形""直线"命令，绘制 30mm×20mm 的龙骨截面，执行"复制"命令，复制截面，如图 10-219 所示。

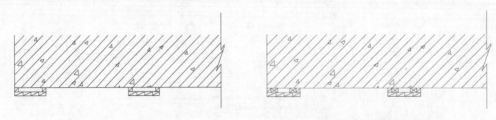

图 10-218　绘制奥松板剖面　　　　　　　图 10-219　绘制龙骨剖面

Step 09 执行"直线""圆弧"命令，绘制线条剖面造型，如图 10-220 所示。

Step 10 执行"图案填充"命令，选择填充图案 ANSI31，设置填充比例为 1，填充线条剖面，如图
10-221 所示。

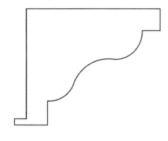

图 10-220　绘制线条剖面

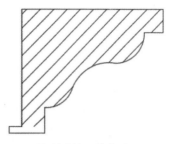

图 10-221　填充剖面

Step 11 执行"镜像"命令，镜像复制线条剖面，如图 10-222 所示。

Step 12 执行"直线"命令，捕捉两个剖面绘制直线，如图 10-223 所示。

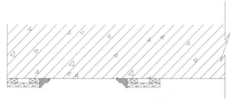

图 10-222　镜像复制剖面

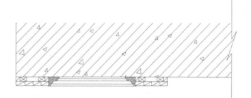

图 10-223　连接线条

Step 13 执行"偏移"命令，偏移直线绘制 19mm 厚的大理石粘贴层，执行"图案填充"命令，选择填
充图案 AR-SAND，设置填充比例为 1，填充大理石粘贴层，如图 10-224 所示。

Step 14 执行"偏移"命令，偏移直线绘制 12mm 厚的大理石剖面，执行"图案填充"命令，选择填充
图案 AN-SI35，设置填充比例为 1，填充大理石，如图 10-225 所示。

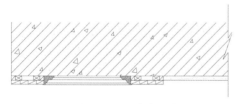

图 10-224　填充图案

图 10-225　填充图案

Step 15 执行"快速引线"命令，绘制引线标注，如图 10-226 所示。

Step 16 执行"复制"命令，依次复制引线说明并调整，双击文字更改文字内容，如图 10-227 所示。

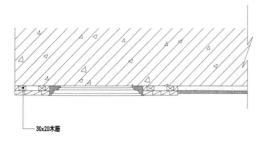

图 10-226　创建引线标注

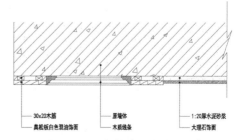

图 10-227　复制并更改引线文字

Step 17 执行"线性""连续"命令，标注剖面尺寸，如图 10-228 所示。

Step 18 执行"复制"命令，复制图例说明，双击文字更改文字内容，完成客厅剖面图的绘制，如图 10-229 所示。

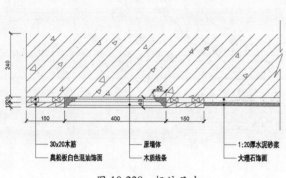

图 10-228　标注尺寸

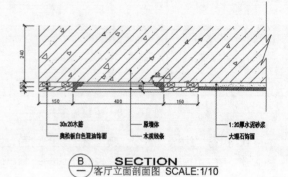

图 10-229　客厅剖面效果图

第11章

绘制茶叶店装潢施工图

茶叶店设计的主要要求是大方得体，线条流畅，一般茶叶店都采用木质材料进行装饰，可以漆成仿红木，也可以用清漆做成木本色，体现出装修风格上的和谐统一。同时可以做几个多宝格和一个小书柜，以便摆茶具和茶书用，也可以摆一张茶艺桌或茶几以便品茶用。

知识要点

▲ 绘制茶叶店平面图   ▲ 绘制茶叶店剖面图
▲ 绘制茶叶店立面图

11.1 绘制茶叶店平面图

专卖店的类型繁多，包括家用电器专卖店、时装专卖店、眼镜店等。下面为用户介绍茶叶专卖店平面图纸的绘制。

11.1.1 绘制茶叶店原始户型图

在原始结构图中要表现墙体结构，还要标记好门、窗、梁的位置和尺寸。在后面平面图、顶面图以及立面图等都需参考原始户型图中的造型及尺寸。

Step 01 执行"图形界限"命令，设置左下角点坐标为"0.000,0.000"，右上角点坐标为"42000,29700"，如图 11-1 所示。

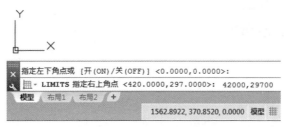

图 11-1　设置图形界限

Step 02 打开"图层特性管理器"面板，单击"新建图层"图标，创建"轴线"图层，设置线型和颜色，如图 11-2 所示。

图 11-2　创建图层

Step 03 双击"轴线"图层置为当前图层，执行"直线"命令，绘制轴线，执行"偏移"命令，偏移轴线，如图 11-3 所示。

Step 04 选择轴线，打开"特性"面板，设置线型比例为 10，如图 11-4 所示。

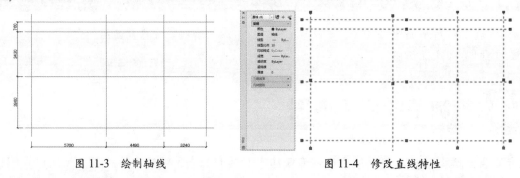

图 11-3　绘制轴线　　　　　　　图 11-4　修改直线特性

Step 05 执行"矩形"命令，绘制 400mm×400mm 矩形，执行"图案填充"命令，选择实体图案填充柱子，如图 11-5 所示。

Step 06 执行"复制"命令，捕捉矩形中心点，分别在横向和竖向复制柱子，如图 11-6 所示。

 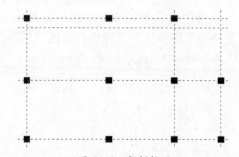

图 11-5　绘制柱子　　　　　　　图 11-6　复制柱子

Step 07 执行"格式"→"多线样式"命令，打开"多线样式"对话框，单击"新建"按钮，设置新建样式名称 WALL，如图 11-7 所示。

Step 08 单击"继续"按钮设置多线样式参数，设置封口，勾选"起点""端点"复选框，如图 11-8 所示。

图 11-7　创建多线样式　　　　　　图 11-8　设置多线样式

Step 09 继续新建样式，设置名称为 window，如图 11-9 所示。

Step 10 单击"继续"按钮，设置图元偏移参数，如图 11-10 所示。

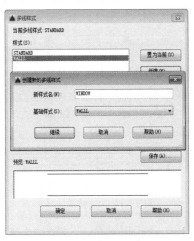

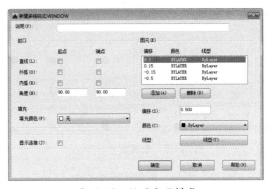

图 11-9　创建多线样式　　　　　　图 11-10　设置多线样式

Step 11 选择多线样式 WALL，将其置为当前样式，如图 11-11 所示。

Step 12 执行"多线"命令，设置对正样式为"下"，比例为 240，如图 11-12 所示。

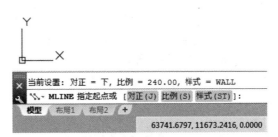

图 11-11　置为当前样式　　　　　　图 11-12　设置多线参数

Step 13 打开对象捕捉，捕捉柱子端点依次绘制外墙墙体，如图 11-13 所示。

Step 14 执行"多线"命令，继续绘制内墙墙体，如图 11-14 所示。

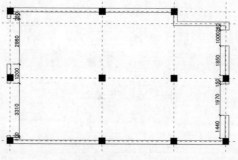

图 11-13　绘制外墙墙体　　　　图 11-14　绘制内墙墙体

Step 15 将多线样式"WINDOW"置为当前，执行"多线"命令，设置对正样式为"无"，比例为 240，绘制窗户图形，如图 11-15 所示。

Step 16 关闭"轴线"图层，执行"直线""偏移"命令，绘制梁图形，如图 11-16 所示。

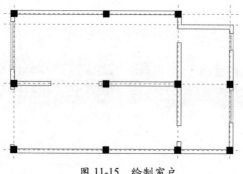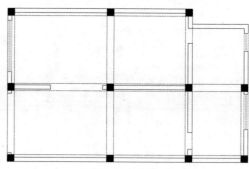

图 11-15　绘制窗户　　　　图 11-16　绘制梁

Step 17 打开"特性"面板，设置梁的线型为 ACADISO03W100，线型比例为 5，如图 11-17 所示。

Step 18 打开"图层特性管理器"面板，新建"W 文字"图层，设置图层颜色，如图 11-18 所示。

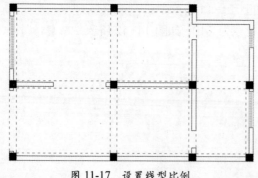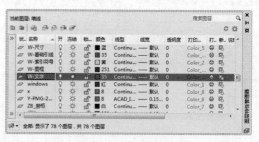

图 11-17　设置线型比例　　　　图 11-18　新建图层

Step 19 执行"格式"→"文字样式"命令，打开"文字样式"对话框，单击"新建"按钮，新建"文字说明"样式，如图 11-19 所示。

Step 20 单击"确定"按钮，设置文字字体为"宋体"，文字高度为 110，并置为当前，如图 11-20 所示。

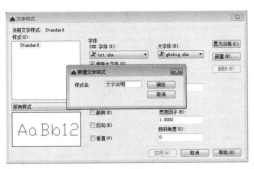

图 11-19　新建文字样式　　　　　　　　　　图 11-20　设置文字参数

Step 21 执行"多行文字"命令，绘制创建说明文字，执行"复制"命令，复制说明文字，再双击文字更改文字内容，如图 11-21 所示。

Step 22 执行"直线"命令，绘制标高符号，执行"多行文字"命令，绘制标高文字，如图 11-22 所示。

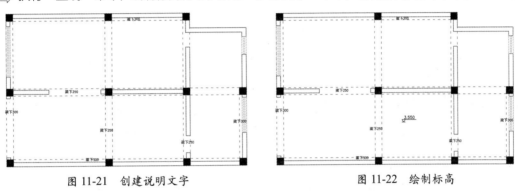

图 11-21　创建说明文字　　　　　　　　　　图 11-22　绘制标高

Step 23 执行"矩形"命令，绘制 21000mm×14850mm 的矩形，执行"偏移"命令，将矩形向内偏移 250mm，如图 11-23 所示。

Step 24 执行"拉伸"命令，选择内侧矩形左侧节点，向右拉伸 1000mm，执行"移动"命令，将墙体移动至矩形图框中心，如图 11-24 所示。

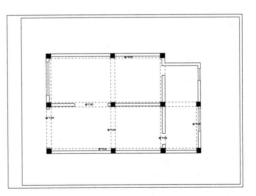

图 11-23　绘制图框　　　　　　　　　　图 11-24　调整图框

Step 25 打开"标注样式管理器"对话框，新建样式 DAN-50，如图 11-25 所示。

Step 26 设置"线"选项卡的参数，更改尺寸线和尺寸界线颜色为灰色，超出尺寸线为 50mm，起点偏移量为 50mm，固定长度的尺寸界线为 300mm，其他参数默认，如图 11-26 所示。

图 11-25　新建标注样式

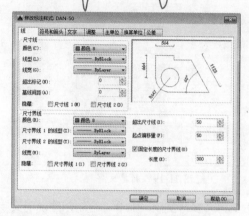

图 11-26　设置"线"选项卡

Step 27 设置"符号和箭头"选项卡的参数，选择箭头符号为"建筑标记"，如图 11-27 所示。

Step 28 设置"文字"选项卡的参数，设置文字颜色，文字高度为 100mm，文字从尺寸线偏移 50mm，如图 11-28 所示。

图 11-27　设置"符号和箭头"选项卡

图 11-28　设置"文字"选项卡

Step 29 设置"调整"参数，使用"使用全局比例"为 1，文字位置设置为始终保持在尺寸界线之间，如图 11-29 所示。

Step 30 设置"主单位"参数，设置"精度"为 0，如图 11-30 所示。

图 11-29　"调整"选项卡

图 11-30　设置"主单位"选项卡

Step 31 执行"线性""连续"命令，标注平面尺寸，如图 11-31 所示。

Step 32 执行"多段线""直线"命令，绘制图例符号，执行"多行文字"命令，标注图例文字，如图 11-32 所示。

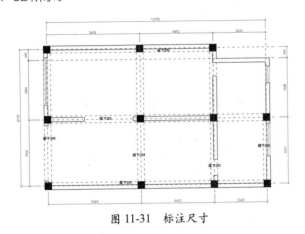

原始结构图

比例 1:50

图 11-31 标注尺寸　　　　图 11-32 绘制图例说明

Step 33 将图例文字说明移动到相应位置，最终效果如图 11-33 所示。

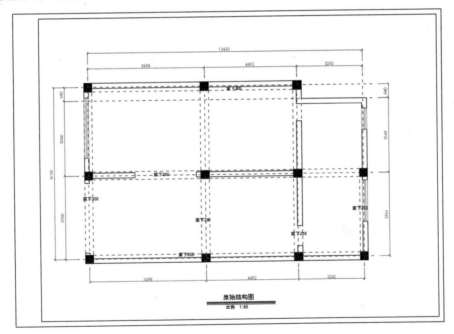

图 11-33 原始户型图

11.1.2 绘制茶叶店平面布置图

室内平面布置图反映了空间的布局和每个空间的功能、面积，同时还决定了门、窗的位置。下面介绍平面布置图的绘制过程。

Step 01 执行"复制"命令，复制一份原始户型图，如图 11-34 所示。

Step 02 执行"删除"命令，删除文字标注及梁轮廓线等，如图 11-35 所示。

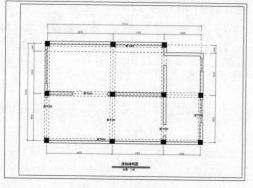

图 11-34　复制图形

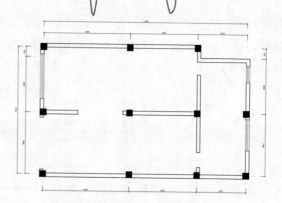

图 11-35　删除文字和轮廓

Step 03 打开"图层特性管理器"面板，新建"家具"图层，设置图层颜色为青色，如图 11-36 所示。

Step 04 执行"直线""偏移"命令，绘制装饰柜及装饰柱，如图 11-37 所示。

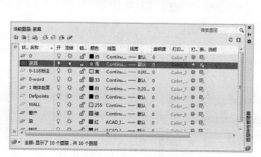

图 11-36　新建图层

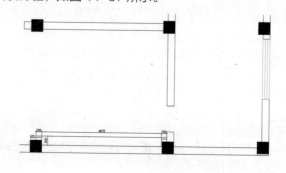

图 11-37　绘制装饰柜及装饰柱

Step 05 执行"定数等分"命令，设置等分数量为 4，将柜子平均等分，如图 11-38 所示。

Step 06 执行"矩形"命令，连接等分点绘制矩形，执行"偏移"命令，将矩形向内偏移 20mm，绘制柜子厚度，如图 11-39 所示。

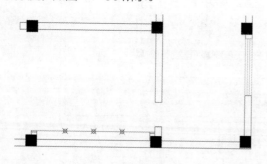

图 11-38　等分柜体

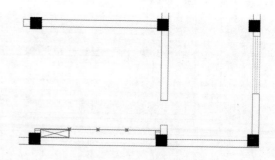

图 11-39　偏移柜体厚度

Step 07 执行"复制"命令，依次复制柜体，执行"复制""拉伸"命令，继续绘制货品区柜体，再删除等分点，如图 11-40 所示。

Step 08 执行"矩形""偏移"命令，绘制 280mm×160mm 的垭口装饰柱并向内偏移 20mm，执行"复制"命令，复制装饰柱，如图 11-41 所示。

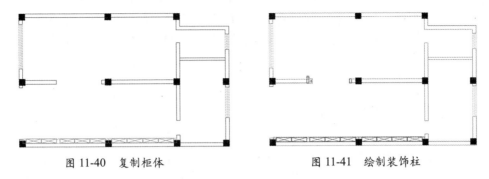

图 11-40　复制柜体　　　　　　　图 11-41　绘制装饰柱

Step 09 执行"直线"命令，绘制宽 800mm 的镂空窗，执行"偏移"命令，绘制花格，如图 11-42 所示。

Step 10 执行"矩形"命令，绘制 2000mm×400mm 的前台桌面，然后执行"分解"命令，分解矩形，执行"偏移"命令，将直线向内偏移 20mm，如图 11-43 所示。

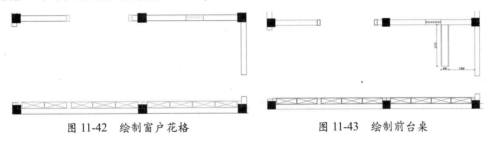

图 11-42　绘制窗户花格　　　　　图 11-43　绘制前台桌

Step 11 执行"插入"→"块"命令，导入电话图块，继续执行"插入"→"块"命令，导入其他图块，如图 11-44 所示。

Step 12 执行"插入"→"块"命令，导入椅子图块并进行复制，如图 11-45 所示。

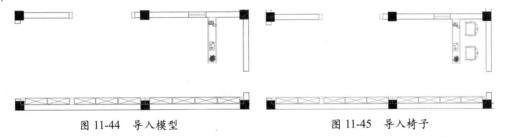

图 11-44　导入模型　　　　　　　图 11-45　导入椅子

Step 13 执行"矩形""直线""偏移"命令，绘制电视背景墙装饰架，如图 11-46 所示。

Step 14 执行"矩形"命令，设置矩形尺寸 2400mm×1200mm，绘制展示区展架，执行"偏移"命令，将矩形分别向内偏移 200mm、200mm，如图 11-47 所示。

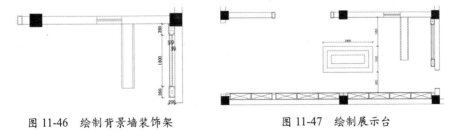

图 11-46　绘制背景墙装饰架　　　图 11-47　绘制展示台

Step 15 执行"圆""偏移"命令，绘制装饰茶叶盒，执行"复制"命令，分别复制茶叶盒，如图11-48所示。

Step 16 执行"插入"→"块"命令，导入装饰花瓶图块并进行复制，如图11-49所示。

图 11-48 绘制茶叶盒

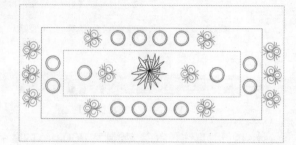

图 11-49 导入装饰花瓶图块

Step 17 执行"复制"命令，选择展示台，打开正交，在水平位置复制展示台，间距为1200mm，如图11-50所示。

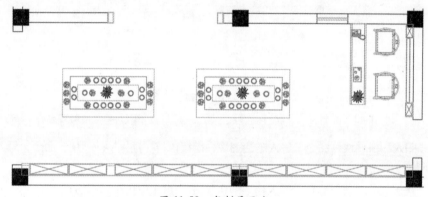

图 11-50 复制展示台

Step 18 执行"偏移"命令，绘制地台分割线，执行"矩形""偏移"命令，绘制博物柜，如图11-51所示。

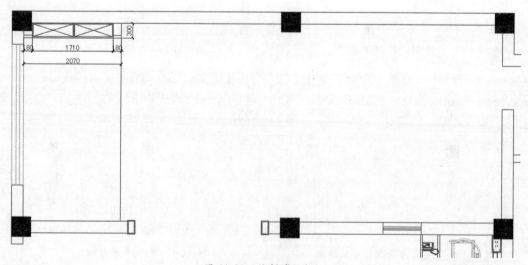

图 11-51 绘制博物柜

Step 19 执行"圆弧""复制"命令，绘制窗帘平面，执行"直线"命令绘制窗帘箭头，执行"镜像"命令，复制另一半，如图 11-52 所示。

Step 20 执行"多段线""偏移"命令，绘制端景台，执行"复制"命令，复制装饰植物，如图 11-53 所示。

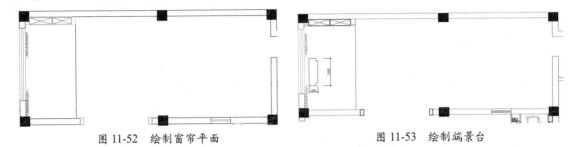

图 11-52 绘制窗帘平面   图 11-53 绘制端景台

Step 21 执行"插入"→"块"命令，导入组合图块，执行"旋转""移动"命令，调整桌椅角度及位置，如图 11-54 所示。

Step 22 执行"复制""拉伸"命令，绘制其余博物柜图形，如图 11-55 所示。

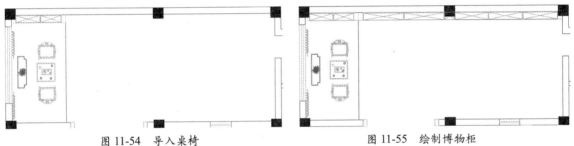

图 11-54 导入桌椅   图 11-55 绘制博物柜

Step 23 执行"插入"→"块"命令，导入茶艺桌图块，执行"删除"命令，删除多余椅子，继续执行"插入"→"块"命令，导入中式太师椅图块，执行"旋转""移动"命令，调整太师椅位置，如图 11-56 所示。

Step 24 执行"插入"→"块"命令，导入组合沙发图块，执行"旋转""移动"命令，调整组合沙发位置，执行同样命令，导入植物和圆形落地灯图块，如图 11-57 所示。

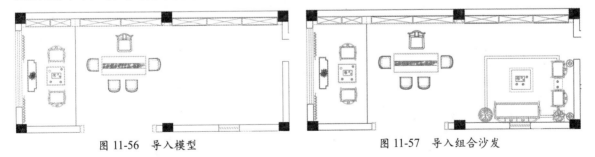

图 11-56 导入模型   图 11-57 导入组合沙发

Step 25 执行"直线""偏移""圆角"命令，绘制冲淋房，执行"插入"→"块"命令，插入淋浴喷头图块，如图 11-58 所示。

Step 26 执行"插入"→"块"命令，导入马桶图块，执行"旋转""移动"命令，调整马桶位置，继续执行"插入"→"块"命令，导入拖把池图块，如图 11-59 所示。

图 11-58　绘制冲淋房

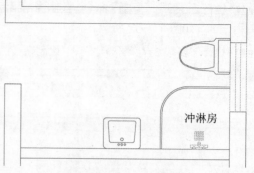

图 11-59　导入图块

Step 27 执行"矩形""偏移"命令，绘制 1100mm×550mm 的洗手台，执行"插入"→"块"命令，导入洗手盆图块，执行"旋转"命令，调整台盆方向，如图 11-60 所示。

Step 28 执行"偏移"命令，偏移卫生间门洞尺寸，执行"直线""修剪"命令，绘制门洞，如图 11-61 所示。

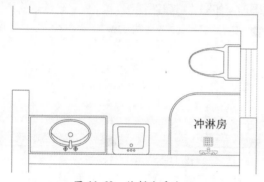

图 11-60　绘制洗手台

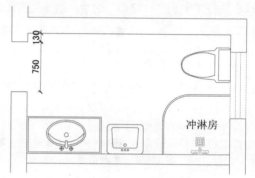

图 11-61　修改门洞

Step 29 执行"多段线"命令，绘制门套，执行"镜像"命令，复制门套并移动到相应位置，如图 11-62 所示。

Step 30 执行"插入"→"块"命令，导入门套装饰线，再镜像复制装饰线，如图 11-63 所示。

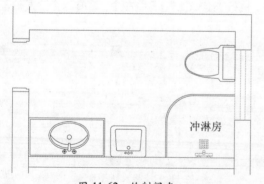

图 11-62　绘制门套

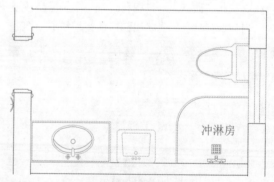

图 11-63　绘制门套线

Step 31 执行"矩形""圆弧"命令，绘制卫生间门，执行"插入"→"块"命令，插入门把手图块，如图 11-64 所示。

Step 32 执行"镜像"命令，复制储藏室房门和门套线，执行"移动"命令，移动到相应位置，如图 11-65 所示。

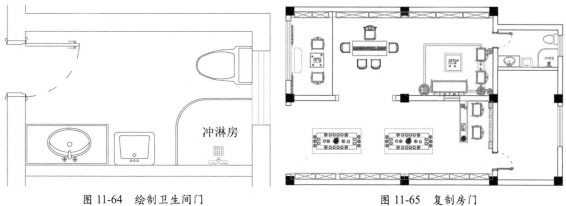

图 11-64　绘制卫生间门　　　　　　　　　图 11-65　复制房门

Step 33 执行"矩形""偏移""直线"命令，绘制储藏柜，再进行拉伸，复制操作，如图 11-66 所示。

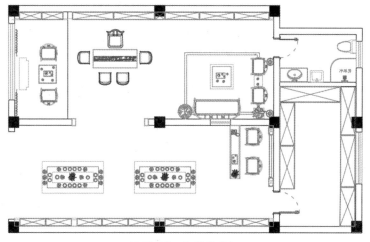

图 11-66　绘制储藏柜

Step 34 执行"多行文字"命令，绘制柜体名称，执行"复制"命令，复制文字并更改文字内容，如图 11-67 所示。

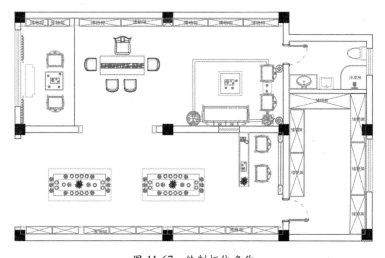

图 11-67　绘制柜体名称

Step 35 执行"多行文字"命令，绘制空间名称，执行"复制"命令，复制文字并更改文字内容，如图
11-68 所示。

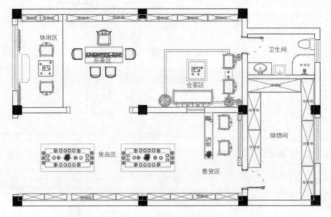

图 11-68 绘制空间文字

Step 36 双击图例说明文字，更改文字内容为平面布置图，至此茶叶店平面布置图绘制完成，如图
11-69 所示。

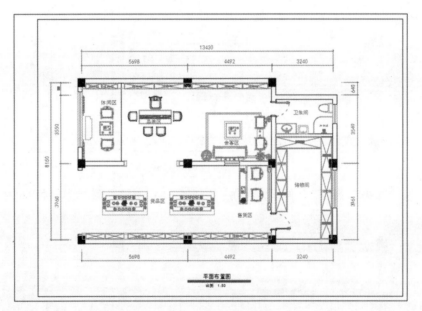

图 11-69 平面布置图

11.1.3 绘制地面布置图

地面材质在装修中起到了防滑、耐水、耐磨、保暖、美观等作用。不同的地面材质能够反映出室内区域的不同功能，同时，不同地面材质的工艺也不一样。下面来介绍地面布置图的绘制过程。

Step 01 执行"复制"命令，复制一份平面布置图，如图 11-70 所示。

Step 02 执行"删除"命令，删除家具、文字等图形，如图 11-71 所示。

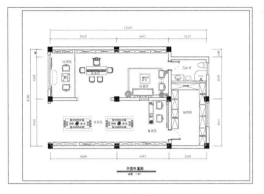

图 11-70 复制平面图形

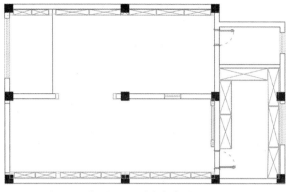

图 11-71 删除多余图形

Step 03 执行"矩形"命令,绘制理石走边,捕捉展示区对角点绘制矩形,执行"偏移"命令,将矩形向内偏移 180mm,如图 11-72 所示。

Step 04 执行"图案填充"命令,选择填充图案 AR-CONC,设置填充比例为 1,填充理石走边,如图 11-73 所示。

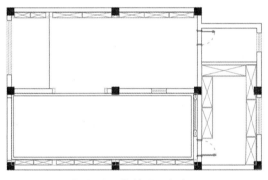

图 11-72 绘制理石走边

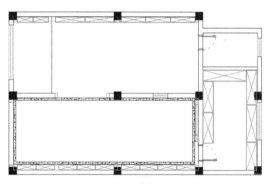

图 11-73 填充理石效果

Step 05 执行"图案填充"命令,选择填充图案类型"用户定义",选择"双向"复选框,填充间距为 800,填充展示区地面,如图 11-74 所示。

Step 06 双击填充图案,单击设定原点,指定图形左下角点为基点,修改填充图案,如图 11-75 所示。

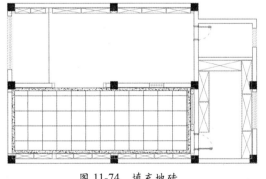

图 11-74 填充地砖

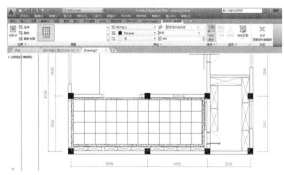

图 11-75 更改填充基点

Step 07 执行"图案填充"命令,选择填充图案类型"预定义",设置填充图案 AR-CONC,填充比例为 1,填充过门石地面,如图 11-76 所示。

Step 08 执行"图案填充"命令，选择填充图案类型"用户定义"，选择双向，设置填充角度为45，填充间距为800，填充接待区地面，如图11-77所示。

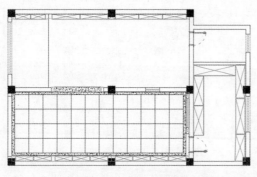

图 11-76 填充过门石

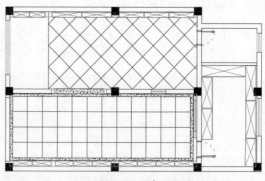

图 11-77 填充地砖

Step 09 执行"图案填充"命令，选择填充图案类型"预定义"，设置填充图案 DOLMIT，填充比例为15，填充休闲区地板，如图11-78所示。

Step 10 执行"图案填充"命令，选择填充图案类型"用户定义"，选择双向，填充间距为300，填充卫生间及储藏室地面，如图11-79所示。

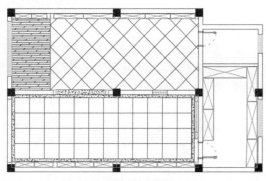

图 11-78 填充地板

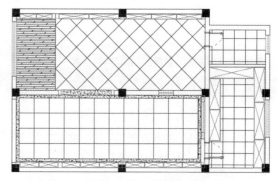

图 11-79 填充地砖

Step 11 执行"图案填充"命令，选择填充图案类型"预定义"，设置填充图案 AR-CONC，填充比例为1，填充卫生间及储藏室过门石地面，如图11-80所示。

Step 12 执行"多行文字"命令，设置文字颜色和字体，标注地面材料名称，执行"复制"命令，复制文字，双击更改文字内容，如图11-81所示。

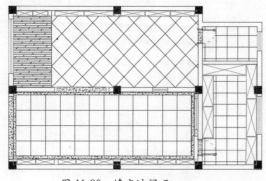

图 11-80 填充过门石

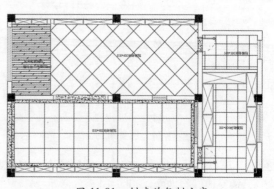

图 11-81 创建并复制文字

Step 13 双击填充图案，单击"选择对象"命令，添加文字，去除文字覆盖区域，如图 11-82 所示。

Step 14 双击图例说明文字，更改文字内容为"地面布置图"，茶叶店地面布置图绘制完成，如图 11-83 所示。

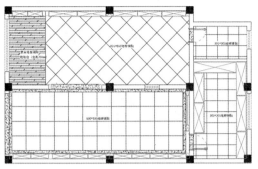

图 11-82 修改填充区域

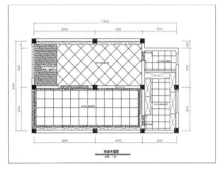

图 11-83 地面布置图

11.1.4 绘制顶面布置图

在对室内造型进行设计的时候，应根据室内能见环境的使用功能、视觉效果及艺术构思来确定顶棚的布置。下面通过顶面布置图的绘制，详细介绍顶棚造型的基本绘制方法和技巧。

Step 01 执行"复制"命令，复制一份平面布置图，如图 11-84 所示。

Step 02 执行"删除"命令，删除家具、文字等图形，如图 11-85 所示。

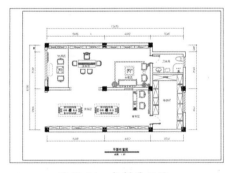

图 11-84 复制平面图

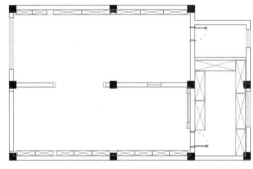

图 11-85 删除家具模型

Step 03 执行"直线"命令，划分顶面造型区域，如图 11-86 所示。

Step 04 执行"矩形"命令，捕捉展示区对角点绘制矩形，执行"偏移"命令，将矩形向内偏移350mm，绘制顶面造型，如图 11-87 所示。

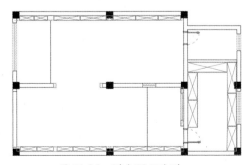

图 11-86 划分顶面造型

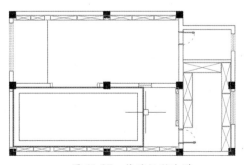

图 11-87 偏移矩形造型

Step 05 执行"偏移"命令，继续将矩形向内偏移180mm、500mm，绘制顶面造型，如图11-88所示。

Step 06 执行"偏移"命令，继续将矩形向外偏移60mm，绘制灯带，打开"特性"面板，更改颜色和线型，如图11-89所示。

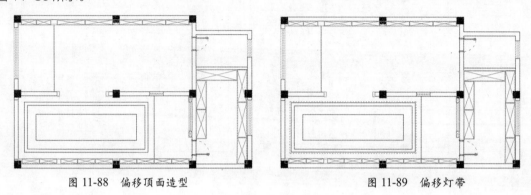

图 11-88　偏移顶面造型　　　　　　　　　图 11-89　偏移灯带

Step 07 执行"矩形"命令，绘制187mm×120mm的雕花造型，执行"偏移"命令，向内偏移8mm造型，如图11-90所示。

Step 08 执行"多线段""偏移"命令，绘制雕花图案，执行"镜像"命令，复制图案，如图11-91所示。

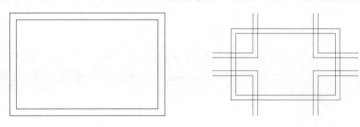

图 11-90　绘制雕花　　　　　　图 11-91　绘制雕花板

Step 09 执行"复制"命令，捕捉基点，依次复制雕花图案，绘制雕花板，如图11-92所示。

Step 10 执行"复制"命令，复制雕花板，执行"镜像"命令，镜像复制雕花图案，执行"修剪""延伸"命令，修剪雕花板，如图11-93所示。

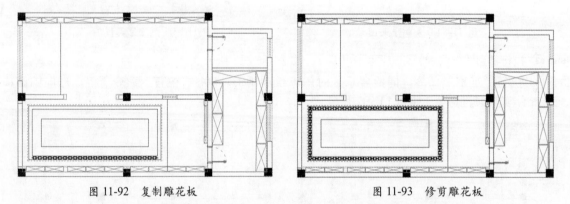

图 11-92　复制雕花板　　　　　　　　　图 11-93　修剪雕花板

Step 11 执行"矩形"命令，绘制160mm×80mm的斗胆灯外框，执行"偏移"命令，将矩形向内偏移8mm，绘制斗胆灯外框厚度，如图11-94所示。

Step 12 执行"矩形"命令，绘制60mm×60mm的斗胆灯矩形灯罩，执行"偏移"命令，偏移4mm的灯罩厚度，如图11-95所示。

Step 13 执行"圆"命令，绘制半径分别为 24mm、22mm 的圆形，执行"直线"命令，绘制灯泡符号，如图 11-96 所示。

Step 14 执行"镜像"命令，以矩形中心点为镜像点，镜像复制灯泡，如图 11-97 所示。

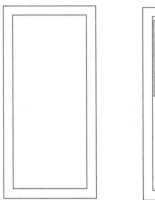
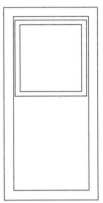
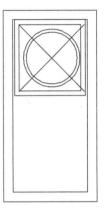
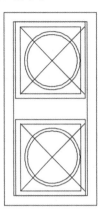

图 11-94 绘制斗胆灯外框   图 11-95 绘制灯罩   图 11-96 绘制灯泡   图 11-97 镜像复制

Step 15 执行"圆"命令，绘制半径为 40mm 的圆形射灯，执行"偏移"命令，将圆形向内偏移 10mm，执行"直线"命令，绘制射灯符号，如图 11-98 所示。

Step 16 执行"图案填充"命令，设置填充图案 ANSI35，填充比例为 1，选择区域进行填充，如图 11-99 所示。

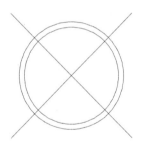
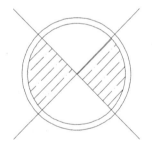

图 11-98 绘制射灯   图 11-99 填充射灯

Step 17 执行"复制"命令，布置斗胆灯，设置复制距离为 1200mm，依次复制斗胆灯，如图 11-100 所示。

Step 18 执行"复制"命令，布置射灯，设置复制距离为 1500mm，依次复制射灯，如图 11-101 所示。

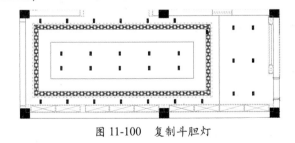
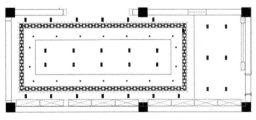

图 11-100 复制斗胆灯   图 11-101 复制射灯

Step 19 执行"矩形"命令，捕捉休闲区对角点绘制矩形，执行"偏移"命令，将矩形向内偏移 350mm，如图 11-102 所示。

Step 20 执行"偏移"命令，继续将矩形向外偏移 60mm，绘制灯带，打开"特性匹配"面板，更改颜色和线型，如图 11-103 所示。

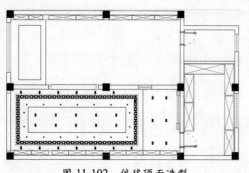

图 11-102　偏移顶面造型

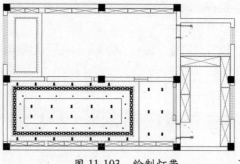

图 11-103　绘制灯带

Step 21 执行"矩形"命令，设置矩形尺寸 700mm×700mm，绘制主灯灯罩，执行"偏移"命令，将矩形向内偏移 20mm，如图 11-104 所示。

Step 22 执行"圆""偏移"命令，半径为 240mm 的圆并向内偏移 70mm，执行"直线""镜像"命令，绘制灯具符号，如图 11-105 所示。

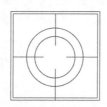

图 11-104　绘制灯罩　　　　图 11-105　绘制主灯

Step 23 执行"移动"命令，将主灯移动至造型中心点，如图 11-106 所示。

Step 24 执行"复制""镜像"命令，分别绘制斗胆灯和射灯，如图 11-107 所示。

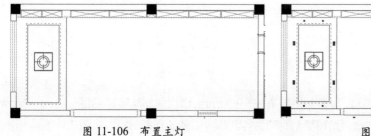

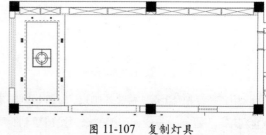

图 11-106　布置主灯　　　　　　　图 11-107　复制灯具

Step 25 执行"矩形"命令，捕捉接待区对角点绘制矩形，执行"偏移"命令，将矩形向内偏移 350mm、180mm，如图 11-108 所示。

Step 26 执行"复制""修剪""延伸"命令，复制并修剪雕花板，如图 11-109 所示。

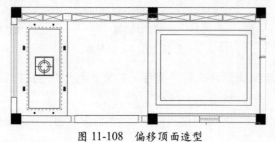

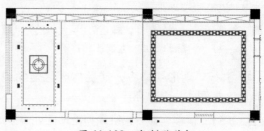

图 11-108　偏移顶面造型　　　　　图 11-109　复制雕花板

Step 27 执行"偏移"命令，将矩形向外偏移 50mm，绘制灯带，打开"特性匹配"面板，更改颜色和线型，如图 11-110 所示。

Step 28 执行"直线"命令，捕捉中心点绘制直线，复制主灯，再删除辅助线，如图 11-111 所示。

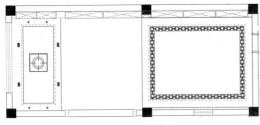

图 11-110 绘制灯带

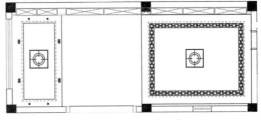

图 11-111 绘制主灯

Step 29 执行"复制""镜像"命令，镜像复制射灯，如图 11-112 所示。

Step 30 执行"复制"命令，再复制其他位置的斗胆灯，如图 11-113 所示。

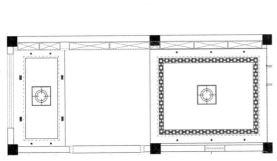

图 11-112 复制射灯

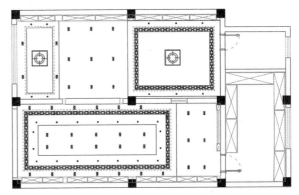

图 11-113 复制斗胆灯

Step 31 执行"图案填充"命令，选择填充图案类型"用户定义"，选择双向，填充间距 300mm，绘制卫生间吊顶，如图 11-114 所示。

Step 32 执行"分解"命令，分解卫生间顶面，执行"矩形""偏移"命令，绘制 300mm×300mm 的卫生间吸顶灯，如图 11-115 所示。

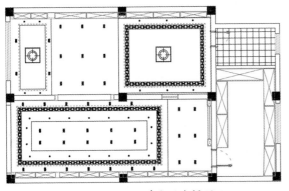

图 11-114 填充卫生间顶面

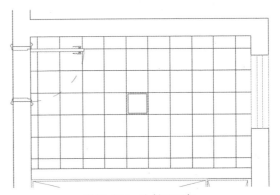

图 11-115 绘制吸顶灯

Step 33 执行"图案填充"命令，选择填充图案类型"预定义"，选择填充图案 AR-RROOFF，设置填充角度为 45，填充比例为 10，填充吸顶灯，如图 11-116 所示。

Step 34 执行"圆""偏移"命令，绘制半径为 240mm 的吸顶灯，执行"直线""镜像"命令，绘制灯具符号，如图 11-117 所示。

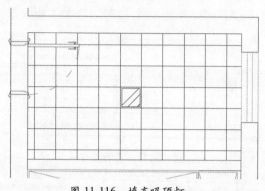

图 11-116 填充吸顶灯

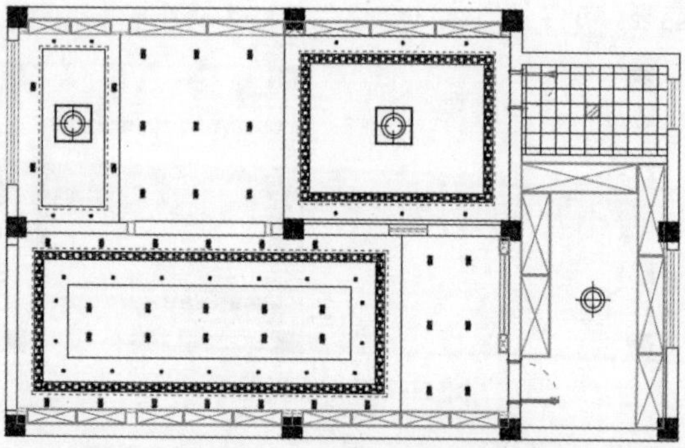

图 11-117 绘制主吸顶灯

Step 35 执行"直线"命令，打开极轴，设置极轴增量角为 60°，绘制直线，再执行"图案填充"命令，填充三角区域，绘制标高符号，如图 11-118 所示

图 11-118 绘制标高符号

Step 36 执行"多行文字"命令，设置字体为黑体，设置文字高度 120，绘制标高文字，如图 11-119 所示。

图 11-119 标注文字

Step 37 执行"复制"命令，复制标高符号和文字，双击更改文字内容，如图 11-120 所示。

Step 38 执行"多行文字"命令，绘制顶面吊顶文字说明，执行"复制"命令，复制并更改文字内容，如图 11-121 所示。

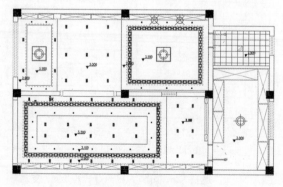

图 11-120 复制标高符号

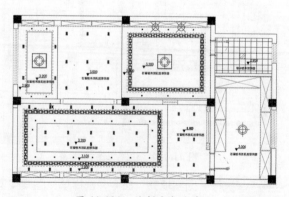

图 11-121 绘制多行文字

Step 39 双击图例说明文字并更改文字内容，顶面布置图绘制完成，如图 11-122 所示。

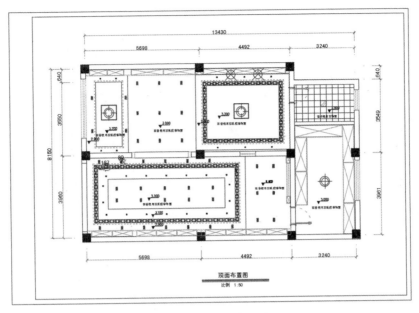

图 11-122　顶面布置图

11.2　绘制茶叶店立面图

立面图主要用于表现墙面造型、尺寸及材质类型，有助于施工人员更好地进行造型施工。

11.2.1　绘制售货区 A 立面图

下面利用"复制""旋转""修剪""图案填充"等命令绘制售货区 A 立面图，绘制步骤介绍如下。

Step 01 执行"矩形""直线"命令，绘制边长 275mm 的矩形，执行"多段线"命令，设置线宽为 20，绘制粗线，执行"旋转"命令，旋转 45 度，如图 11-123 所示。

Step 02 执行"多行文字"命令，绘制文字说明，执行"复制"命令，复制并更改文字内容，如图 11-124 所示。

图 11-123　绘制指示图标

图 11-124　绘制指示文字

Step 03 执行"复制"命令，分别复制图标，执行"旋转""移动"命令，布置图标，双击文字更改文字内容，如图 11-125 所示。

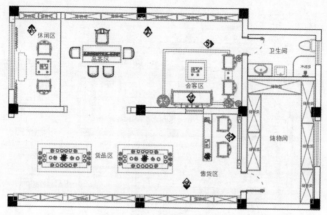

图 11-125　布置指示图标

Step 04 执行"复制"命令，复制售货区平面布置图，执行"矩形""修剪"命令，修剪图形，如图 11-126 所示。

Step 05 执行"直线""偏移""修剪"命令，根据平面尺寸图绘制立面外框，执行"偏移""修剪"命令，修剪立面直线，如图 11-127 所示。

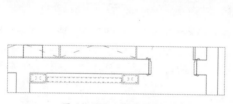

图 11-126　修剪平面

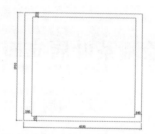

图 11-127　绘制立面外框

Step 06 执行"图案填充"命令，选择填充图案类型"预定义"，设置填充图案 AR-CONC，填充比例为 1，填充墙体，如图 11-128 所示。

Step 07 执行"图案填充"命令，选择填充图案类型"预定义"，设置填充图案 ANSI31，填充比例为 20，继续填充墙体，如图 11-129 所示。

图 11-128　填充墙体

图 11-129　填充墙体

Step 08 执行"偏移""修剪"命令，绘制顶面造型，如图 11-130 所示。

Step 09 执行"图案填充"命令，选择填充图案类型"预定义"，设置填充图案 ANSI31，填充比例为 10，填充吊顶区域，如图 11-131 所示。

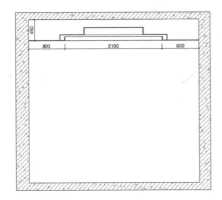

图 11-130 绘制吊顶造型

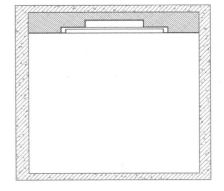

图 11-131 填充顶面

Step 10 执行"圆"命令，绘制半径为 12mm 的灯管，执行"直线"命令，绘制灯具符号，如图 11-132 所示。

Step 11 执行"矩形""直线"命令，绘制灯具底座，如图 11-133 所示。

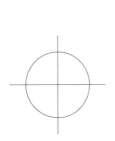

图 11-132 绘制灯带

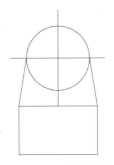

图 11-133 连接灯带

Step 12 执行"移动"命令，将灯带移动至吊顶位置，执行"镜像"命令，复制灯带，如 11-134 所示。

Step 13 执行"矩形"命令，指定左下角点分别绘制 440mm*2450mm 和 1420mm*2450mm 矩形，执行"镜像"命令，复制矩形造型，如图 11-135 所示。

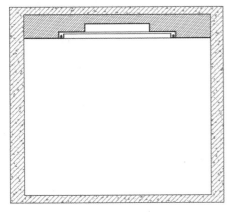

图 11-134 镜像复制灯带

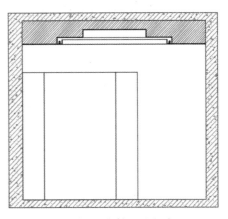

图 11-135 绘制矩形造型

Step 14 执行"偏移"命令，将矩形分别向内偏移 15mm、30mm、15mm，打开"特性"面板，更改线型颜色，如图 11-136 所示。

Step 15 执行"分解"命令，分解内部矩形，执行"偏移"命令，依次向上偏移 830mm、20mm、500mm、20mm、480mm、20mm，如图 11-137 所示。

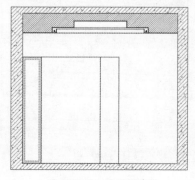
图 11-136 偏移线条

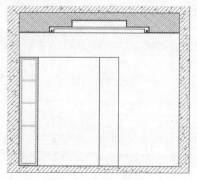
图 11-137 偏移层板

Step 16 执行"矩形""偏移"命令，绘制 150mm × 150mm 的矩形造型，执行"直线""偏移"命令，连接造型，最后执行"修剪"命令，修剪造型，如图 11-138 所示。

Step 17 执行"插入"→"块"命令，导入装饰画图块，如图 11-139 所示。

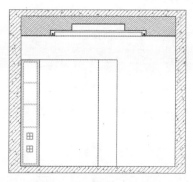
图 11-138 绘制矩形造型

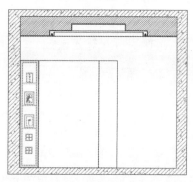
图 11-139 倒入装饰画

Step 18 执行"镜像"命令，以中间矩形中心为基点，镜像复制装饰架造型，如图 11-140 所示。

Step 19 执行"偏移"命令，将中间矩形分别向内偏移 15mm、80mm、15mm，绘制线条，打开"特性"面板，更改线型颜色，如图 11-141 所示。

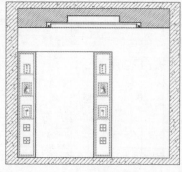
图 11-140 镜像复制造型

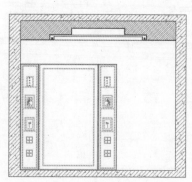
图 11-141 偏移线条

Step 20 执行"矩形"命令，绘制850mm×40mm的矩形造型层板，执行"复制"命令，复制矩形，执行"拉伸"命令，调整矩形大小，如图 11-142 所示。

Step 21 执行"插入"→"块"命令，导入茶壶图块，如图 11-143 所示。

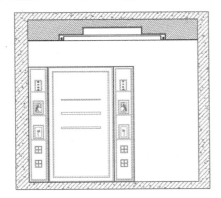
图 11-142 绘制矩形层板

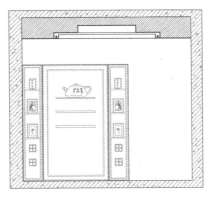
图 11-143 导入模型

Step 22 执行"多行文字"命令，设置字体为宋体，字体大小为 150，绘制背景文字，如图 11-144 所示。

Step 23 执行"图案填充"命令，选择填充图案ANSI32，设置填充比例为10，填充背景墙，如图 11-145 所示。

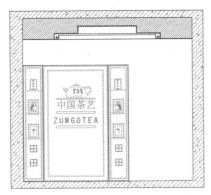
图 11-144 绘制文字

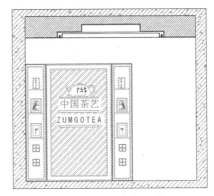
图 11-145 填充背景

Step 24 执行"偏移""修剪"命令，绘制出门洞位置，如图 11-146 所示。

Step 25 执行"多段线"命令，捕捉门洞绘制直线，执行"偏移"命令，依次向外偏移 20mm、30mm、30mm，绘制门套线，如图 11-147 所示。

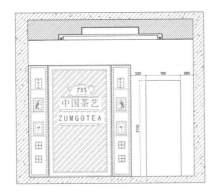
图 11-146 绘制门洞

图 11-147 偏移门套线

Step 26 执行"插入"→"块"命令，导入房门模型，再调整房门大小，如图 11-148 所示。

Step 27 执行"偏移"命令，将地面直线依次向上偏移 80mm、20mm，执行"修剪"命令，修剪图形，绘制出踢脚线，如图 11-149 所示。

图 11-148　导入房门模型

图 11-149　绘制踢脚线

Step 28 执行"图案填充"命令，选择填充图案 GRASS，设置填充比例为 5，填充背景墙，如图 11-150 所示。

Step 29 复制平面布置图图框，执行"缩放"命令，设置缩放比例为 20/50，缩小图框，如图 11-151 所示。

图 11-150　填充图案

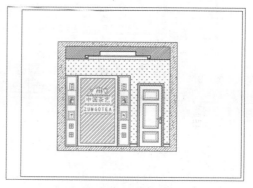

图 11-151　复制图框

Step 30 执行"格式"→"标注样式"命令，打开"标注样式管理器"对话框，新建样式 DAN-20，如图 11-152 所示。

Step 31 设置"线"选项卡的参数，更改尺寸线和尺寸界线颜色为灰色，超出尺寸线为 20mm，起点偏移量为 20mm，选固定长度的尺寸界线，长度为 200mm，其他参数默认，如图 11-153 所示。

图 11-152　新建标注样式

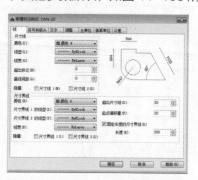

图 11-153　设置线参数

Step 32 设置"符号和箭头"选项卡的参数，设置箭头类型为建筑标记，其他参数默认，如图 11-154 所示。

Step 33 设置"文字"选项卡的参数，设置文字颜色，文字高度为 50mm，文字从尺寸线偏移 20mm，其他参数默认，如图 11-155 所示。

图 11-154　设置符号和箭头

图 11-155　设置文字参数

Step 34 设置"调整"选项卡的参数，使用全局比例为 1，文字位置设置为"文字始终保持在尺寸界线之间"，如图 11-156 所示。

Step 35 选择标注样式 DAN-20，将其置为当前样式，如图 10-157 所示。

图 11-156　设置全局比例

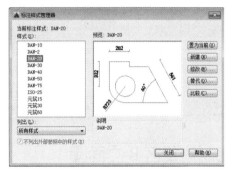

图 11-157　置为当前样式

Step 36 执行"线性""连续"命令，标注立面尺寸，如图 11-158 所示。

Step 37 执行"快速引线"命令，绘制材料说明，执行"复制"命令，依次向下复制引线说明，双击更改文字内容，如图 11-159 所示。

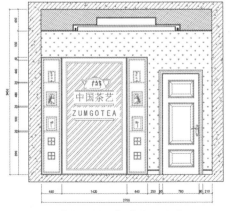

图 11-158　标注立面尺寸

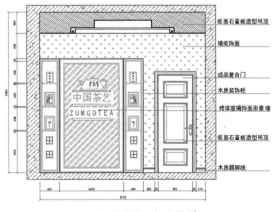

图 11-159　标注材料

Step 38 执行"圆"命令，绘制图例符号，执行"直线"命令，捕捉圆形象限点，绘制直线，如图 11-160 所示。

Step 39 执行"多行文字"命令，绘制引文字说明，执行"复制"命令，复制文字说明，双击文字，更改文字大小和字体，如图 11-161 所示。

图 11-160　绘制图例符号　　　　图 11-161　绘制文字说明

Step 40 执行"移动"命令，将图例说明移动到立面图旁，售货区 A 立面图绘制完毕，如图 11-162 所示。

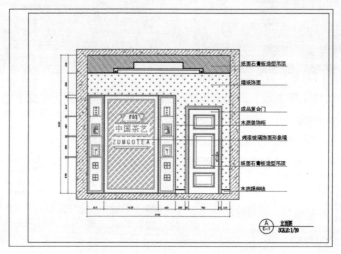

图 11-162　售货区 A 立面图

11.2.2　绘制售货区 B 立面图

下面利用"直线""偏移""镜像""修剪""图案填充"等命令绘制售货区 B 立面图，绘制步骤介绍如下。

Step 01 复制售货区平面布置图，执行"矩形""修剪"命令，修剪图形，如图 11-163 所示。

Step 02 执行"直线"命令，根据平面尺寸图绘制高度为 3450mm 的立面外框，执行"偏移"命令，绘制柱子立面，如图 11-164 所示。

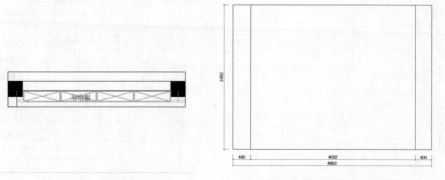

图 11-163　修剪平面　　　　　　图 11-164　绘制立面外框

Step 03 执行"偏移"命令，将直线向右偏移240mm,绘制墙体剖面，执行"图案填充"命令，设置填充图案ANSI31，填充比例为20，填充墙体，如图11-165所示。

Step 04 执行"图案填充"命令，设置填充图案AR-CONC，填充比例为1，继续填充墙体，如图11-166所示。

图 11-165　偏移墙体

图 11-166　填充墙体

Step 05 执行"偏移"命令，将直线向下偏移550mm，再修剪图形，绘制吊顶层，执行"图案填充"命令，选择填充图案ANSI31，设置填充比例为20，填充吊顶层，如图11-167所示。

Step 06 执行"偏移"命令，绘制墙面造型，将顶面直线依次向下偏移280mm、100mm、120mm，再修剪图形，如图11-168所示。

图 11-167　绘制吊顶层

图 11-168　偏移墙面造型

Step 07 执行"图案填充"命令，利用图案ANSI32和GRAVEL分别填充墙面不同造型图案，如图11-169所示。

Step 08 执行"矩形"命令，捕捉绘制矩形，执行"偏移"命令，将矩形向内偏移20mm，如图11-170所示。

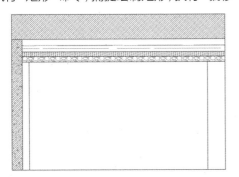
图 11-169　填充造型

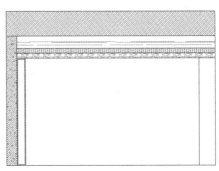
图 11-170　绘制并偏移矩形

Step 09 执行"复制"命令，从顶面布置图中复制顶面雕花造型，缩放并修剪图形，如图 11-171 所示。

Step 10 执行"复制"命令，捕捉雕花板左下角点位基点，向右复制雕花板，如图 11-172 所示。

图 11-171　缩放雕花板

图 11-172　复制雕花板

Step 11 执行"直线"命令，连接中间造型绘制直线，执行"定数等分"命令，将直线等分为 4 份，如图 11-173 所示。

Step 12 执行"直线""偏移"命令，绘制博物柜框架，执行"修剪"命令，修剪直线，删除底部直线和等分点，如图 11-174 所示。

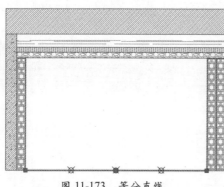

图 11-173　等分直线

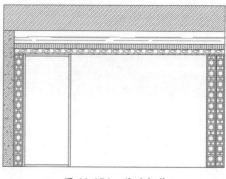

图 11-174　偏移柜体

Step 13 执行"偏移"命令，将直线依次向上偏移，绘制柜体层板，如图 11-175 所示。

Step 14 执行"直线""偏移"命令，绘制柜子竖向隔板，执行"复制"命令，向下复制隔板，如图 11-176 所示。

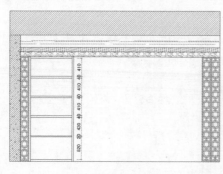

图 11-175　偏移层板

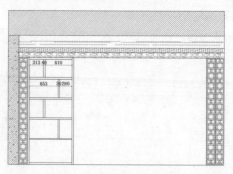

图 11-176　绘制竖向隔板

Step 15 执行"直线""偏移"命令，绘制间距为 10mm 的柜门分割线，执行"矩形"命令，绘制 14mm×89mm 的柜门把手，如图 11-177 所示。

Step 16 执行"矩形""偏移"命令，绘制 225mm×225mm 的造型，执行"直线""偏移""修剪"命令，细化造型，如图 11-178 所示。

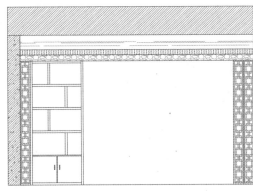

图 11-177　绘制柜门

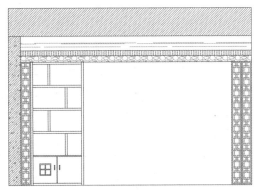

图 11-178　绘制柜门造型

Step 17 执行"镜像"命令，指定柜门中心点为镜像点，镜像复制柜门造型，如图 11-179 所示。

Step 18 执行"插入"→"块"命令，导入各种茶叶罐图块，执行"复制"命令，复制装饰茶叶罐，如图 11-180 所示。

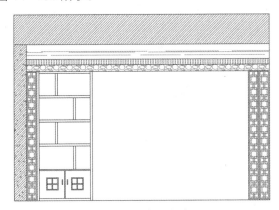

图 11-179　镜像造型

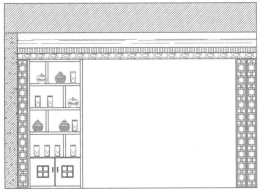

图 11-180　导入茶叶罐图块

Step 19 执行"复制"命令，选择整组装饰柜，依次复制柜体，如图 11-181 所示。

Step 20 执行"线性""连续"命令，标注立面尺寸，如图 11-182 所示。

图 11-181　复制柜体

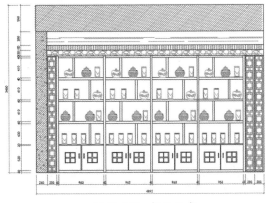

图 11-182　标注尺寸

Step 21 执行"快速引线"命令，绘制引线标注，执行"复制"命令，依次向下复制引线说明，双击并更改文字内容，如图 11-183 所示。

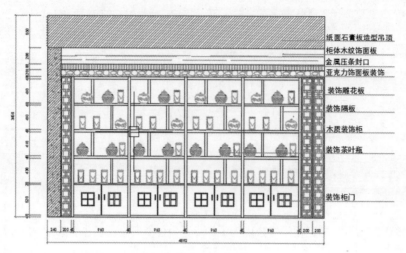

图 11-183　绘制引线说明

Step 22 执行"复制"命令，复制立面图框及图示，双击更改文字内容，完成售货区 B 立面图的绘制，如图 11-184 所示。

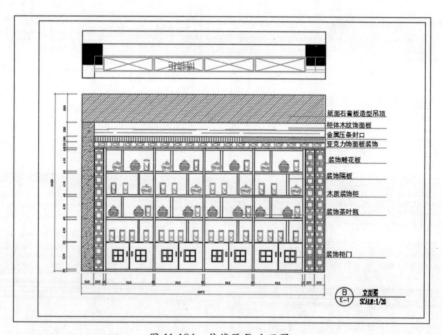

图 11-184　售货区 B 立面图

11.3　绘制茶叶店剖面图

本节中要绘制的是柱子横截面详图以及服务台剖面图，以便于读者更加直观地了解施工工艺。

11.3.1 绘制柱子横截面详图

下面介绍柱子横截面详图的绘制，具体绘制步骤介绍如下。

Step 01 执行"复制"命令，复制茶叶店柱子及墙体平面，如图11-185所示。

Step 02 执行"多段线"命令，绘制剖切符号，再修剪图形，如图11-186所示。

图 11-185　复制柱子平面　　　　　　　图 11-186　绘制墙体剖面

Step 03 执行"图案填充"命令，拾取填充范围，选择填充图案ANSI31，设置填充比例为10，填充墙体剖面，如图11-187所示。

Step 04 执行"图案填充"命令，拾取填充范围，选择填充图案AR-CONC，设置填充比例为1，如图11-188所示。

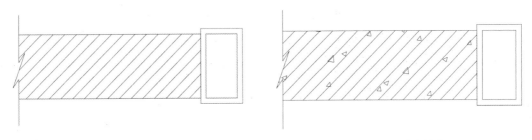

图 11-187　填充墙体　　　　　　　图 11-188　填充墙体

Step 05 分解内部矩形，执行"延伸"命令，延伸图形，再删除多余图形，如图11-189所示。

Step 06 执行"矩形"命令，绘制50mm×50mm的龙骨剖面，执行"复制"命令，复制木龙骨，执行"直线"命令，连接龙骨，如图11-190所示。

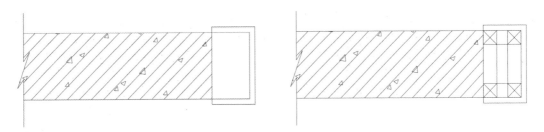

图 11-189　分解并延伸图形　　　　　　　图 11-190　绘制木龙骨

Step 07 执行"偏移"命令，偏移木工板接口造型，执行"修剪"命令，修剪直线，如图11-191所示。

Step 08 执行"图案填充"命令，选择填充图案ANSI31，设置填充比例为1，填充木工板基层，如图11-192所示。

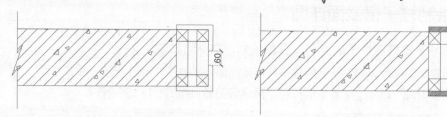

图 11-191　修剪造型　　　　　　　　图 11-192　填充图案

Step 09 执行"直线""偏移""修剪"命令，绘制 17mm 厚的侧板，执行"图案填充"命令，选择填充图案 ANSI31，设置填充比例为 1，填充侧板，如图 11-193 所示。

Step 10 执行"偏移"命令，偏移 3mm 的胡桃木厚度，执行"修剪"命令，修剪直线，如图 11-194 所示。

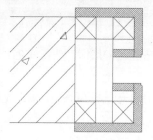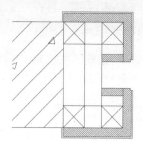

图 11-193　填充图案　　　　　　　图 11-194　偏移直线

Step 11 执行"直线"命令，捕捉顶点，绘制透光板，如图 11-195 所示。

Step 12 执行"直线""圆"命令，绘制灯带，执行"移动"命令，将灯带移动至如图 11-196 所示位置。

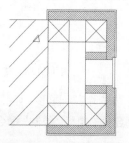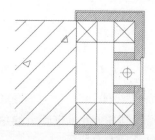

图 11-195　绘制透光板　　　　　　图 11-196　绘制灯带

Step 13 打开"标注样式管理器"对话框，将"J-10"标注样式置为当前，执行"线性"命令，标注剖面尺寸，如图 11-197 所示。

Step 14 执行"快速引线"命令，绘制引线标注，如图 11-198 所示。

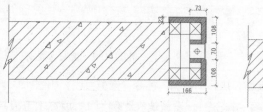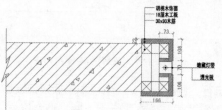

图 11-197　标注尺寸　　　　　　　图 11-198　标注材料说明

Step 15 执行"圆""直线"命令绘制图例符号，执行"多行文字"命令，标注图例文字，完成柱子横
截面详图的绘制，如图 11-199 所示。

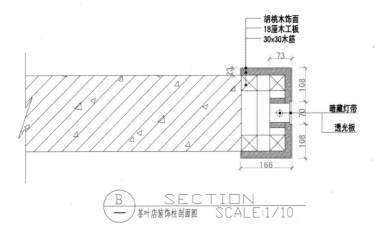

图 11-199　绘制图例说明

11.3.2　绘制服务台剖面图

下面介绍服务台剖面图的绘制，具体绘制步骤介绍如下。

Step 01 执行"矩形"命令，绘制 690mm×460mm 的柜子侧立面，执行"分解"命令，分解矩形，如
图 11-200 所示。

Step 02 执行"偏移"命令，设置偏移距离 21mm，将左右直线向内偏移，如图 11-201 所示。

Step 03 执行"偏移""直线"命令，将上下边线各自向外偏移 30mm，绘制柜体台面和底座，如图
11-202 所示。

图 11-200　绘制柜体剖面　　　图 11-201　偏移直线　　　图 11-202　偏移层板

Step 04 执行"矩形""复制"命令，绘制矩形并进行复制，如图 11-203 所示。

Step 05 分解矩形，再执行"偏移"命令，偏移 3mm 的装饰层板和 18mm 的木工板轮廓，执行"修剪"
命令，修剪直线，如图 11-204 所示。

Step 06 执行"矩形""直线"命令，绘制 30mm×30mm 的龙骨截面，执行"复制"命令，复制截面，
如图 11-205 所示。

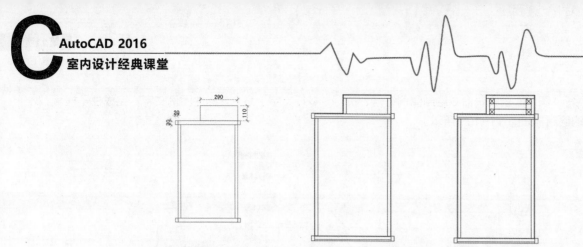

图 11-203　偏移直线　　　　图 11-204　偏移直线　　　　图 11-205　绘制龙骨

Step 07 执行"矩形"命令，绘制 388mm×18mm 的柜子内部隔板，执行"圆"命令，绘制半径为 5mm 的柜子层板轮轴，如图 11-206 所示。

Step 08 执行"矩形"命令，绘制 10mm×25mm 的木方造型，执行"复制"命令，复制木方进行排列，如图 11-207 所示。

Step 09 执行"快速引线"命令，绘制引线标注，如图 11-208 所示。

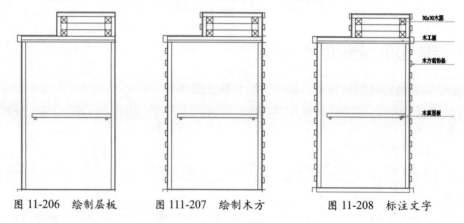

图 11-206　绘制层板　　　　图 111-207　绘制木方　　　　图 11-208　标注文字

Step 10 打开"标注样式管理器"对话框，将 J-10 标注样式置为当前，执行"线性"命令，标注剖面尺寸，如图 11-209 所示。

Step 11 执行"复制"命令，复制图例说明，双击更改文字内容，如图 11-210 所示。

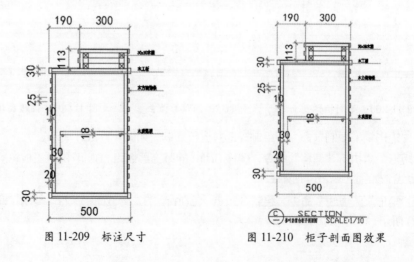

图 11-209　标注尺寸　　　　　图 11-210　柜子剖面图效果

第 **12** 章

绘制 KTV 装潢施工图

KTV 设计要既美观又实用，且要注重整体空间的形成，对于 KTV 具备的各项功能要有明确的场所分区并充分利用空间，根据实际的需求和预计的运营情况合理分配夜场各个功能区的范围，每一个空间都需要协调统一，单个空间的设计不能破坏整体的统一，遵循多样而有机统一的要求，注重整体感的形成。本章将会介绍一套 KTV 施工图纸的绘制过程，使读者能够加深对 CAD 的掌握以及设计原理的实际应用。

知识要点

▲ 绘制 KTV 平面图   ▲ 绘制结构详图

▲ 绘制 KTV 立面图

12.1 绘制 **KTV** 平面图

平面图中各构件的绘制方法不是唯一的，应根据具体图形的不同特点来选择简便的绘制方式。本节中主要包括原始户型图、平面布置图、地面布置图以及顶面布置图的绘制。

12.1.1 绘制 KTV 原始户型图

下面利用所学知识绘制 KTV 原始户型图，绘制步骤介绍如下。

Step 01 执行"图形界限"命令，设置左下角点"0.000,0.000"，右上角点"42000,29700"，如图 12-1 所示。

图 12-1 设置图形界线

Step 02 打开"图层特性管理器"面板，单击"新建图层"图标，创建"轴线"图层，设置线型和颜色，并将其设置为当前图层，如图 12-2 所示。

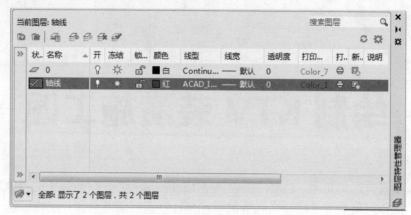

图 12-2　创建图层

Step 03 执行"直线"命令，绘制轴线，执行"偏移"命令，偏移轴线，如图 12-3 所示。

Step 04 选择轴线，执行"修改"→"特性"命令，打开"特性"面板，设置线型比例为 10，如图 12-4 所示。

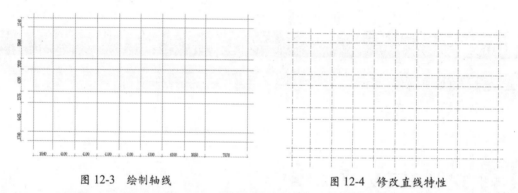

图 12-3　绘制轴线　　　　　　　　　　　图 12-4　修改直线特性

Step 05 执行"矩形"命令，绘制 600mm×600mm 矩形，执行"图案填充"命令，填充柱子，如图 12-5 所示。

Step 06 执行"复制"命令，捕捉轴线中心点，分别在横向和竖向复制柱子，如图 12-6 示。

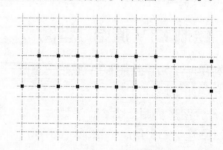

图 12-5　绘制柱子　　　　　　　　　　　图 12-6　复制柱子

Step 07 执行"格式"→"多线样式"命令，打开"多线样式"对话框，单击"新建"按钮，设置新建样式名称 WALL，如图 12-7 所示。

Step 08 单击"继续"按钮设置多线样式参数，设置封口，勾选"起点""端点"复选框，如图 12-8 所示。

图 12-7　创建多线样式

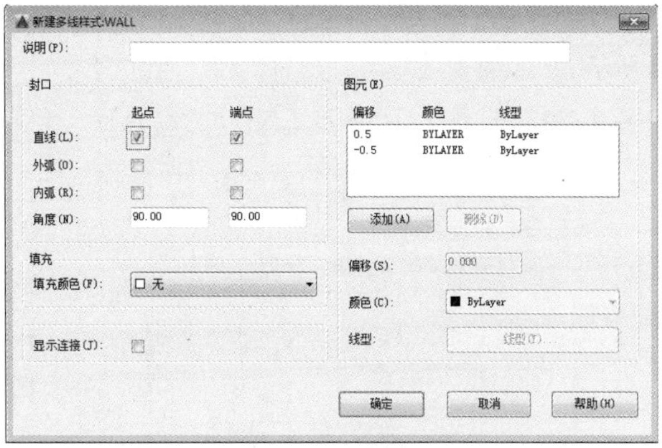

图 12-8　设置多线样式

Step 09 继续执行"格式"→"多线样式"命令，单击"新建"按钮，设置新建样式名称 window，如图 12-9 所示。

Step 10 单击"继续"按钮设置多线样式参数，在"图元"选项组中单击"添加"按钮，设置偏移数值，如图 12-10 所示。

图 12-9　创建多线样式

图 12-10　设置多线样式

Step 11 选择多线样式 WALL，将其置为当前，执行"多线"命令，设置对正样式为"中"，比例为 240，样式为 WALL，捕捉柱子依次绘制墙体，如图 12-11 所示。

Step 12 执行"多线"命令，设置对正样式为"上"，比例为 240，样式为 WALL，绘制其他墙体，如图 12-12 所示。

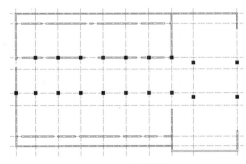

图 12-11　绘制墙体

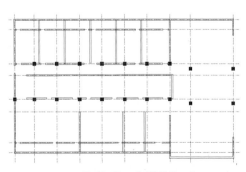

图 12-12　绘制墙体

Step 13 执行"多线"命令，设置对正样式为"上"，比例为120，样式为WALL，绘制墙体，如图12-13 所示。

Step 14 双击多线，打开"多线编辑工具"面板，选择"十字打开"工具，修剪墙体，如图12-14 所示。

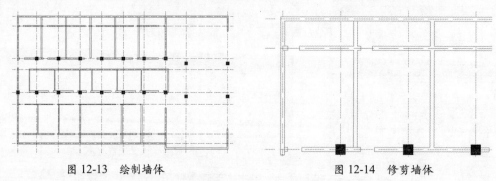

图 12-13　绘制墙体　　　　　　　　　图 12-14　修剪墙体

Step 15 继续选择"T形打开"工具，修剪墙体，如图12-15 所示。

Step 16 执行"多线"命令，设置对正样式为"无"，比例为240，样式为WINDOW，绘制窗户，如图12-16 所示。

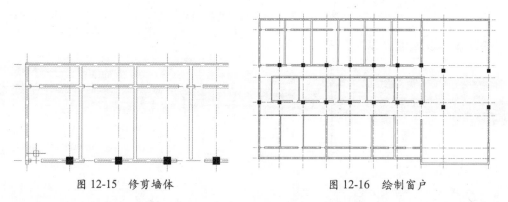

图 12-15　修剪墙体　　　　　　　　　图 12-16　绘制窗户

Step 17 执行"矩形"命令，绘制850mm×40mm的房门平面，执行"圆弧"命令，绘制房门开启符号，如图12-17 所示。

Step 18 执行"复制"命令，复制房门，执行"旋转""移动"命令，布置房门，如图12-18 所示。

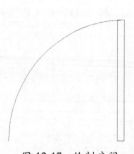
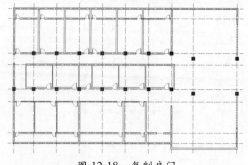

图 12-17　绘制房门　　　　　　　　　图 12-18　复制房门

Step 19 打开"图层特性管理器"面板，关闭"轴"图层，如图12-19 所示。

Step 20 单击"矩形""圆弧"命令，绘制1000mm×40mm的单扇消防通道门和入口大门，执行"镜像"命令，镜像复制大门，如图12-20 所示。

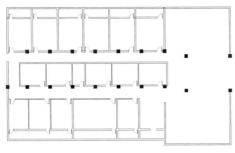
图 12-19　隐藏轴线

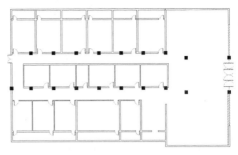
图 12-20　绘制大门

Step 21 执行"矩形"命令，绘制 50400mm×35640mm 的矩形，执行"偏移"命令，将矩形向内偏移 600mm，执行"拉伸"命令，选择内侧矩形左侧节点，向右拉伸 2400mm，如图 12-21 所示。

Step 22 执行"移动"命令，将图形移动至矩形图框中心，如图 12-22 所示。

图 12-21　绘制图框

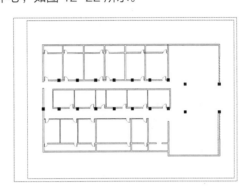
图 12-22　缩放图框

Step 23 打开"标注样式管理器"面板，单击"新建"图标，新建样式 DAN-120，如图 12-23 所示。

Step 24 设置"线"选项卡的参数，更改尺寸线和尺寸界限颜色为灰色，超出尺寸线为 100mm，起点偏移量为 100mm，选固定长度的尺寸界线，长度为 600mm，其他参数默认，如图 12-24 所示。

图 12-23　新建标注样式

图 12-24　设置"线"选项卡

Step 25 设置"符号和箭头"选项卡的参数，设置箭头类型为建筑标记，箭头大小为 50mm，如图 12-25 所示。

Step 26 设置"文字"选项卡的参数，设置文字颜色，文字高度为 200mm，文字从尺寸线偏移 100mm，其他参数默认，如图 12-26 所示。

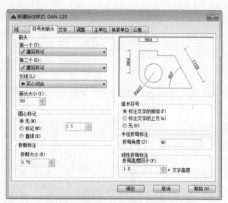

图 12-25　设置箭头和符号

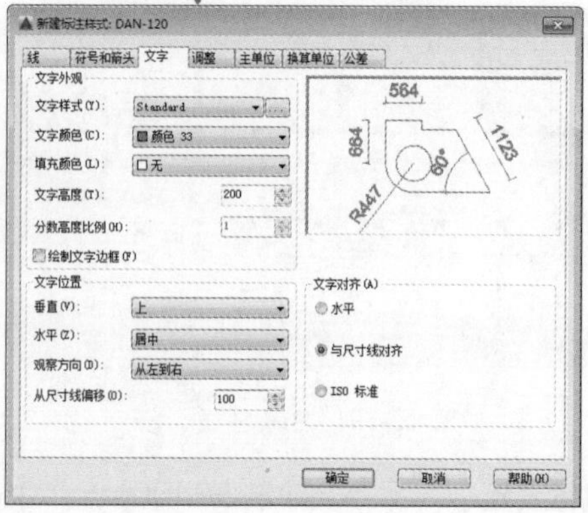

图 12-26　设置字体

Step 27 设置"调整"选项卡的参数，文字位置设置为始终保持在尺寸界线之间，如图 12-27 所示。

Step 28 设置"主单位"选项卡的参数，设置精度为 0，其他参数默认，如图 12-28 所示。

图 12-27　调整参数

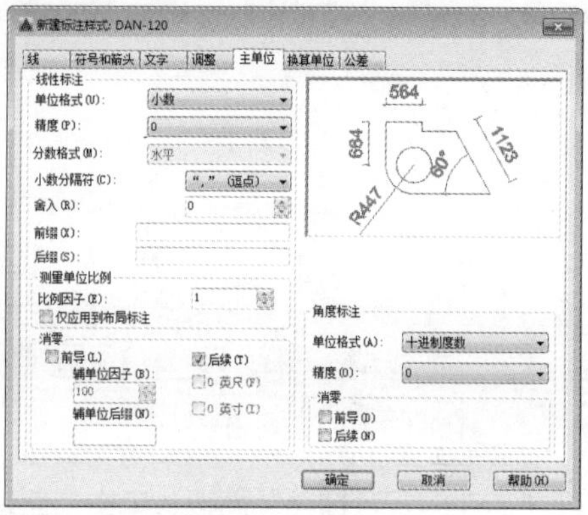

图 12-28　设置主单位

Step 29 执行"线性""连续"标注命令，标注尺寸，如图 12-29 所示。

Step 30 执行"多段线""直线"命令绘制图例符号，执行"多行文字"命令，标注图例文字，如图 12-30 所示。

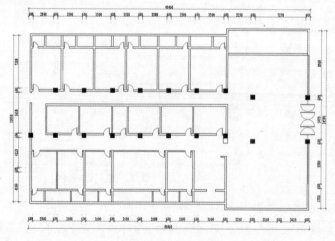

图 12-29　标注尺寸

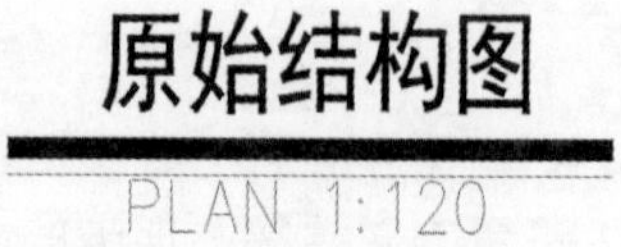

原始结构图

PLAN 1:120

图 12-30　绘制图例说明

Step 31 执行"移动"命令，将图例文字移动到相应位置，最终效果如图 12-31 所示。

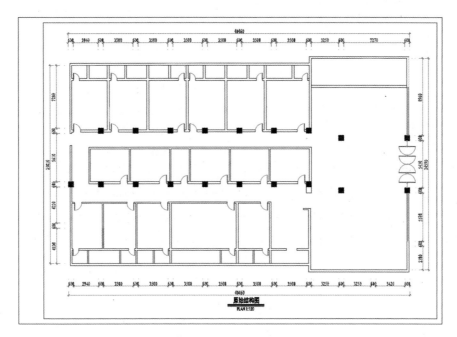

图 12-31　原始结构图

12.1.2　绘制 KTV 包间平面布置图

平面布置图是在原始户型图的基础上进行设计绘制的，下面介绍详细的绘制方法。

Step 01 执行"复制"命令，复制 KTV 包间原始户型图，执行"修剪"命令，修剪包间墙体，如图
12-32 所示。

Step 02 执行"线性"命令，标注包间墙体尺寸，如图 12-33 所示。

Step 03 打开"图层特性管理器"面板，新建图层"家具"，设置图层颜色为红色，如图 12-34 所示。

Step 04 执行"直线""偏移"命令，绘制沙发靠背直线，执行"修剪"命令，修剪直线，如图 12-35 所示。

图 12-32　复制图形　图 12-33　修剪包间墙体　　　　图 12-34　新建图层　　　　　图 12-35　偏移直线

Step 05 执行"倒角"命令，设置倒角距离 1 为 900mm，倒角距离 2 为 900mm，如图 12-36 所示。

Step 06 执行"圆角"命令，设置圆角半径为 100mm，修剪沙发圆角，如图 12-37 所示。

Step 07 执行"偏移"命令，分别将沙发直线向内偏移 150mm、650mm，绘制沙发靠背和底座，如图
12-38 所示。

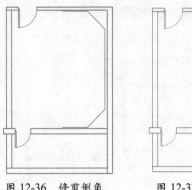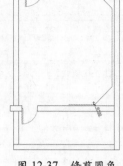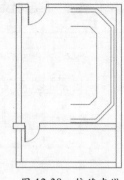

图 12-36　修剪倒角　　　图 12-37　修剪圆角　　　图 12-38　偏移直线

Step 08 执行"直线"命令，连接直线，绘制沙发平面效果，如图 12-39 所示。

Step 09 执行"圆角"命令，设置圆角半径为 100mm，修剪沙发坐垫圆角，如图 12-40 所示。

Step 10 执行"矩形"命令，设置矩形尺寸为 800mm×1200mm，绘制茶几，如图 12-41 所示。

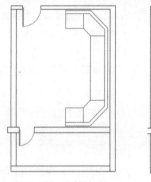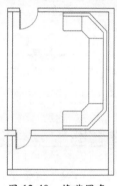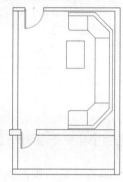

图 12-39　连接直线　　　图 12-40　修剪圆角　　　图 12-41　绘制矩形茶几

Step 11 执行"倒角"命令，设置倒角距离 1 为 200mm，倒角距离 2 为 200mm，修剪茶几图形，如图 12-42 所示。

Step 12 执行"偏移"命令，设置偏移距离为 40mm，将茶几图形向内偏移，打开"特性"面板，修改线型颜色，如图 12-43 所示。

Step 13 执行"圆角"命令，设置圆角半径为 60mm，修剪茶几边角，如图 12-44 所示。

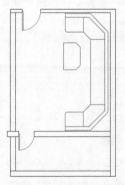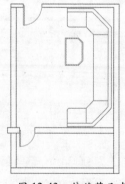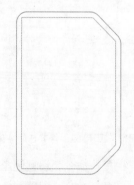

图 12-42　修剪茶几倒角　　　图 12-43　偏移茶几直线　　　图 12-44　修剪茶几

Step 14 执行"矩形"命令，设置矩形尺寸 400mm×400mm，绘制坐凳，如图 12-45 所示。

Step 15 执行"偏移"命令，设置偏移距离为 40mm，将矩形向内偏移，如图 12-46 所示。

Step 16 执行"圆角"命令，设置圆角半径为 60mm，选择矩形进行圆角操作，如图 12-47 所示。

Step 17 执行"复制"命令，向下复制坐凳，如图 12-48 所示。

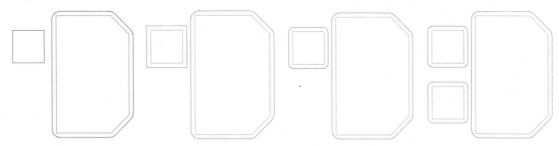

图 12-45　绘制矩形坐凳　　　图 12-46　偏移矩形　　　图 12-47　修剪坐凳圆角　　　图 12-48　复制坐凳

Step 18 执行"复制"命令，选择坐凳及茶几，向下复制，如图 12-49 所示。

Step 19 执行"直线""偏移""修剪"命令，绘制 2000mm×1100mm 的地台，如图 12-50 所示。

Step 20 执行"直线""偏移""修剪"命令，绘制地台造型，如图 12-51 所示。

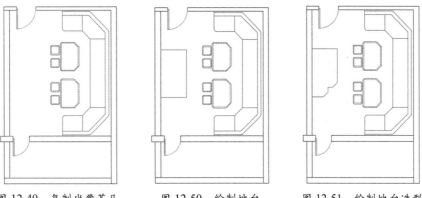

图 12-49　复制坐凳茶几　　　图 12-50　绘制地台　　　图 12-51　绘制地台造型

Step 21 执行"镜像"命令，镜像复制地台造型，执行"修剪"命令，修剪直线，如图 12-52 所示。

Step 22 执行"偏移"命令，设置偏移距离为 20mm，将直线向内偏移，执行"修剪"命令，修剪直线，绘制灯带，如图 12-53 所示。

Step 23 打开"特性"面板，更改线型颜色为 8 号色，设置线型为 ACADISO02W100，如图 12-54 所示。

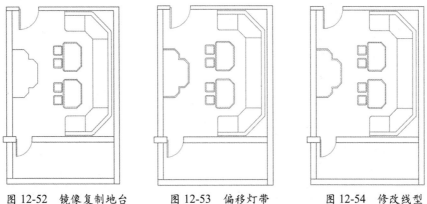

图 12-52　镜像复制地台　　　图 12-53　偏移灯带　　　图 12-54　修改线型

Step 24 ▷ 执行"矩形""复制"命令，绘制 190mm×20mm 和 1560mm×180mm 的矩形作为电视背景墙，如图 12-55 所示。

Step 25 ▷ 执行"矩形"命令，绘制 1300mm× 400mm 的柜子平面造型，如图 12-56 所示。

Step 26 ▷ 执行"倒角"命令，设置倒角距离 1 为 50mm，倒角距离 2 为 50mm，修剪修剪造型，如图 12-57 所示。

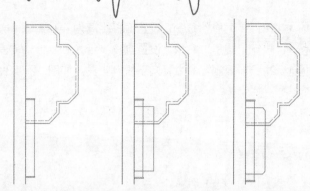

图 12-55　绘制背景墙　图 12-56　偏移直线　图 12-57　修剪直线

Step 27 ▷ 执行"修剪"命令，修剪被覆盖的图形，如图 12-58 所示。

Step 28 ▷ 执行"插入"→"块"命令，导入电视机图块，执行"旋转""移动"命令，调整电视机位置，如图 12-59 所示。

Step 29 ▷ 执行"镜像"命令，选择电视机和电视机背景造型，以地台中心点为镜像点，镜像复制造型，再执行"修剪"命令，修剪图形，如图 12-60 所示。

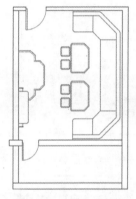

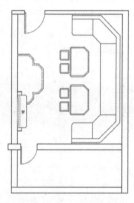
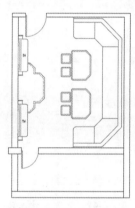

图 12-58　修剪造型　　　　图 12-59　导入电视机图块　　　　图 12-60　镜像复制

Step 30 ▷ 执行"插入"→"块"命令，导入装饰植物图块到场景中，如图 12-61 所示。

Step 31 ▷ 执行"偏移"命令，偏移直线，绘制卫生间墙体，如图 12-62 所示。

Step 32 ▷ 执行"插入"→"块"命令，导入马桶图块，再调整马桶位置，如图 12-63 所示。

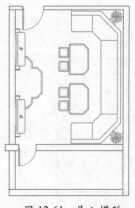
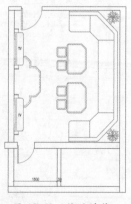
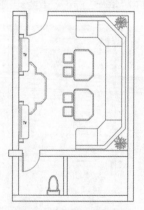

图 12-61　导入模型　　　　图 12-62　偏移墙体　　　　图 12-63　导入马桶图块

Step 33 执行"矩形"命令，绘制洗手台，执行"插入"→"块"命令，导入洗手盆图块，执行"旋转""移动"命令，调整洗手盆位置，如图 12-64 所示。

Step 34 执行"多行文字"命令，绘制空间名称，执行"复制"命令，复制文字，双击更改文字内容，如图 12-65 所示。

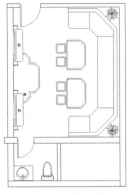

图 12-64　绘制洗手台

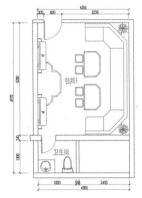

图 12-65　标注文字

12.1.3　绘制 KTV 包间地面布置图

KTV 包间的地面布置图是根据平面图纸中家具摆设位置进行设计绘制的，下面介绍详细的绘制步骤。

Step 01 执行"复制"命令，复制一份 KTV 包间平面布置图，如图 12-66 所示。

Step 02 执行"删除"命令，删除文字及部分家具图形，保留电视柜，并延伸图形，如图 12-67 所示。

Step 03 执行"矩形"命令，设置矩形尺寸 1200mm×2400mm，绘制地面矩形拼花造型，执行"移动"命令，移动到相应位置，删除门图形，再执行"直线"命令，封闭门洞，如图 12-68 所示。

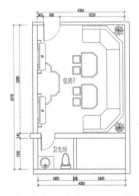

图 12-66　复制平面图形

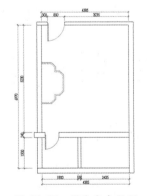

图 12-67　删除多余图形

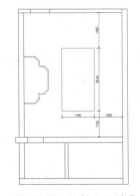

图 12-68　绘制地面拼花

Step 04 执行"偏移"命令，设置偏移距离为 150mm，向外偏移矩形，绘制大理石走边，如图 12-69 所示。

Step 05 执行"矩形"命令，绘制 400mm×400mm 的矩形，执行"直线"命令，连接对角点绘制地砖拼花，如图 12-70 所示。

Step 06 执行"图案填充"命令，选择填充图案类型"预定义"，设置填充图案 AR-CONC，填充比例为 1，填充地砖拼花，如图 12-71 所示。

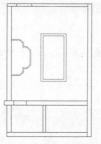
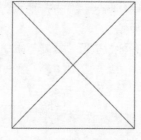
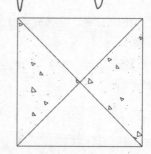

图 12-69　绘制大理石线条　　　图 12-70　绘制地砖拼花　　　图 12-71　填充拼花

Step 07 执行"复制"命令,指定基点,依次复制图案,如图 12-72 所示。

Step 08 执行"图案填充"命令,选择填充图案类型"预定义",设置填充图案 AR-CONC,填充比例为 1,填充大理石走边,如图 12-73 所示。

Step 09 执行"图案填充"命令,选择填充图案类型"预定义",设置填充图案 AR-SAND,填充比例为 2,填充大理石地台,如图 12-74 所示。

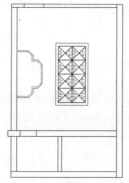
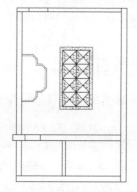
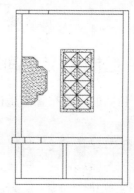

图 12-72　复制拼花　　　　　　图 12-73　填充大理石走边　　　图 12-74　填充大理石地台

Step 10 执行"图案填充"命令,选择填充图案类型"用户定义",选择双向,填充间距 600mm,填充包间地面地砖,如图 12-75 所示。

Step 11 双击填充图案,单击设定原点,制定图形左上角点为基点,修改填充图案,如图 12-76 所示。

Step 12 执行"图案填充"命令,选择填充图案类型"用户定义",选择双向,填充间距 300mm,填充卫生间地面地砖,如图 12-77 所示。

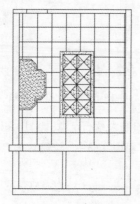
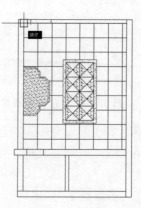
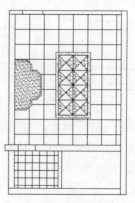

图 12-75　填充地砖　　　　　　图 12-76　调整填充顶点　　　　图 12-77　填充卫生间地面

Step 13 执行"图案填充"命令，选择填充图案类型"预定义"，设置填充图案 AR-CONC，填充比例为 1，填充过门石，如图 12-78 所示。

Step 14 执行"快速引线"命令，绘制地面材料说明，如图 12-79 所示。

Step 15 执行"复制"命令，依次向下复制引线说明，双击更改文字内容，如图 12-80 所示。

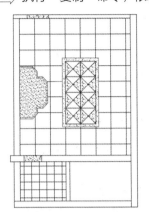

图 12-78 填充过门石

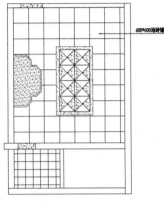

图 12-79 标注地面材料

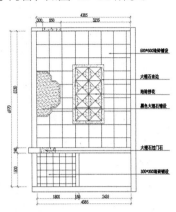

图 12-80 地面铺设效果图

12.1.4 绘制 KTV 包间顶面布置图

本小节将利用所学习的 CAD 知识绘制出石膏线、镜子、灯具等图形，具体绘制步骤介绍如下。

Step 01 执行"复制"命令，复制一份包间平面布置图，如图 12-81 所示。

Step 02 执行"删除"命令，删除家具、文字等图形，如图 12-82 所示。

Step 03 执行"矩形"命令，捕捉顶面对角点绘制矩形，执行"偏移"命令，将矩形向内偏移 400mm，如图 12-83 所示。

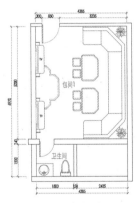

图 12-81 复制平面图

图 12-82 删除家具模型

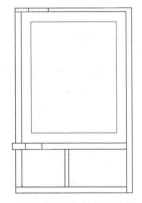

图 12-83 绘制顶面造型

Step 04 执行"拉伸"命令，选择矩形左边顶点，设置拉伸距离为 400mm，将矩形从左向右拉伸，如图 12-84 所示。

Step 05 执行"偏移"命令，设置偏移距离为 60mm，将矩形向外偏移，绘制灯带，如图 12-85 所示。

Step 06 执行"修改"→"特性"命令，打开"特性"面板，设置灯带颜色为玫红色，设置线型为 ACADISO03W100，如图 12-86 所示。

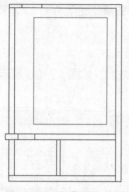
图 12-84　拉伸矩形造型

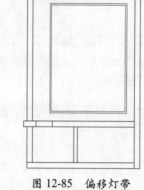
图 12-85　偏移灯带

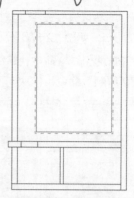
图 12-86　修改线型

Step 07 执行"偏移"命令，分别设置偏移距离为 30mm、50mm，依次向内偏移矩形绘制石膏线条，如图 12-87 所示。

Step 08 执行"直线"命令，连接线条对角点直线，执行"特性匹配"命令，更改线条颜色，如图 12-88 所示。

Step 09 执行"直线"命令，连接矩形中心点绘制直线，继续执行"直线"命令，连接对角点，如图 12-89 所示。

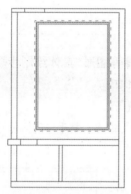
图 12-87　绘制石膏线

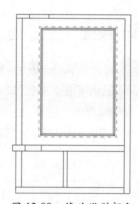
图 12-88　修改线型颜色

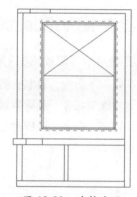
图 12-89　连接直线

Step 10 执行"格式"→"点样式"命令，打开"点样式"对话框，更改点样式，如图 12-90 所示。

Step 11 执行"定数等分"命令，选择直线，设置等分数量为 8，等分直线，如图 12-91 所示。

Step 12 执行"复制"命令，捕捉交点，依次复制直线，如图 12-92 所示。

图 12-90　修改点样式

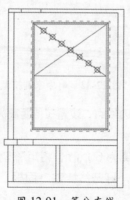
图 12-91　等分直线

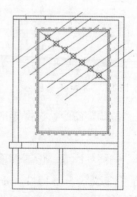
图 12-92　复制直线

Step 13 执行"镜像"命令，以直线中心点为镜像点，镜像复制斜线，如图 12-93 所示。

Step 14 执行"修剪"命令，选择剪切边，修剪直线，如图 12-94 所示。

Step 15 执行"镜像"命令，以矩形中心点为镜像点，镜像复制直线造型，如图 12-95 所示。

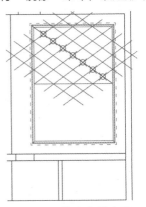 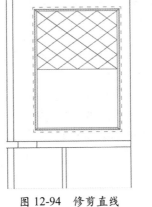 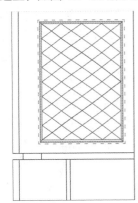

图 12-93　镜像复制直线　　　图 12-94　修剪直线　　　图 12-95　镜像复制造型

Step 16 执行"图案填充"命令，设置填充图案 AR-RROOFF，填充比例为 10，填充吊顶区域，如图 12-96 所示。

Step 17 执行"圆"命令，绘制半径为 50mm 的圆形筒灯，执行"偏移"命令，将圆形向内偏移 10mm，执行"特性匹配"命令，设置筒灯颜色，如图 12-97 所示。

Step 18 执行"直线"命令，绘制直线并进行旋转复制，如图 12-98 所示。

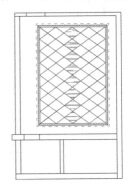  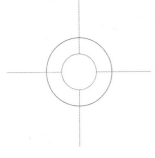

图 12-96　填充图案　　　图 12-97　绘制圆形　　　图 12-98　绘制直线

Step 19 执行"圆""偏移"命令，绘制主灯，执行"特性匹配"命令，设置圆形颜色，如图 12-99 所示。

Step 20 执行"直线"命令，绘制主灯符号，执行"旋转"命令，旋转并复制直线，如图 12-100 所示。

 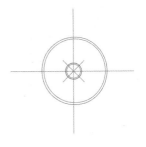

图 12-99　绘制并偏移圆形　　　图 12-100　绘制并旋转直线

Step 21 执行"圆""偏移"命令，绘制同心圆，执行"直线"命令，绘制灯具符号，如图 12-101 所示。

Step 22 执行"环形阵列"命令，选择灯具，以主灯圆心为阵列中心点，设置项目总数为 8，填充角度为 360，进行阵列复制，如图 12-102 所示。

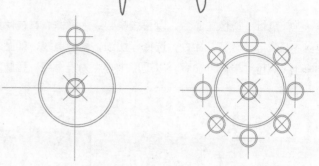

图 12-101 绘制灯具　　　图 12-102 阵列复制灯具

Step 23 按指定距离复制筒灯，再执行"镜像"命令，镜像复制筒灯，如图 12-103 所示。

Step 24 执行"复制"命令，指定主灯中心点，复制主灯，如图 12-104 所示。

Step 25 执行"圆""偏移""直线"命令，绘制吸顶灯，如图 12-105 所示。

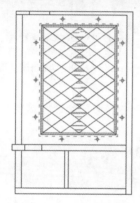 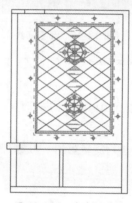 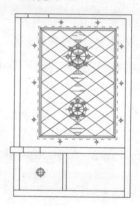

图 12-103 复制筒灯　　　图 12-104 复制主灯　　　图 12-105 绘制吸顶灯

Step 26 执行"直线""图案填充"命令，绘制标高符号，执行"多行文字"命令，标注标高文字，如图 12-106 所示。

Step 27 执行"复制"命令，复制标高符号和文字，双击文字更改文字内容，如图 12-107 所示。

Step 28 执行"快速引线"命令，绘制引线注释，执行"复制"命令，复制注释并更改文字内容，如图 12-108 所示。

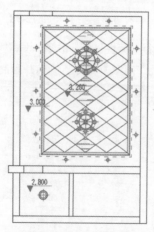 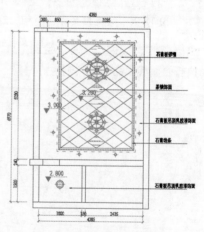

2.800

图 12-106 绘制标高符号　图 12-107 标注高度　　　图 12-108 顶面布置效果

12.2 绘制 KTV 包间立面图

本小节中主要介绍 KTV 包间中两个立面图的绘制过程，通过立面图形的绘制，使读者了解墙面造型的施工工艺以及造型设计技巧。

12.2.1 绘制 KTV 包间 D 立面图

下面介绍 KTV 包间 D 立面图中包括墙体造型、石膏线以及灯具符号的绘制，具体绘制步骤介绍如下。

Step 01 执行"复制"命令，复制包厢背景墙平面布置图，执行"矩形""修剪"命令，修剪图形，如图 12-109 所示。

Step 02 执行"直线""偏移""修剪"命令，根据平面尺寸图绘制高度为 3200mm 的立面外框，如图 12-110 所示。

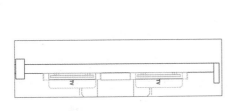

图 12-109　修剪平面

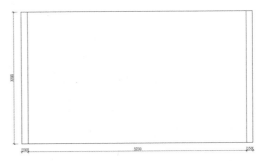

图 12-110　绘制立面外框

Step 03 执行"图案填充"命令，选择填充图案类型"预定义"，设置填充图案 ANSI31，填充比例为 10，填充墙体，如图 12-111 所示。

Step 04 执行"直线""偏移"命令，绘制顶面剖面造型，执行"修剪"命令，修剪直线，如图 12-112 所示。

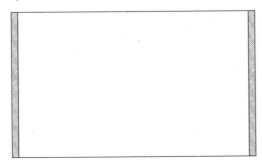

图 12-111　填充墙体

图 12-112　绘制顶面造型

Step 05 执行"直线""圆弧"命令，绘制石膏线剖面造型，如图 12-113 所示。

Step 06 执行"图案填充"命令，选择填充图案类型"预定义"，设置填充图案 ANSI31，设置填充角度为 90，填充比例为 1，填充石膏线，如图 12-114 所示。

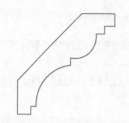

图 12-113　绘制石膏线剖面

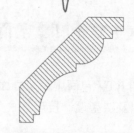

图 12-114　填充石膏线

Step 07 执行"移动"命令，将石膏剖面移动到相应位置，执行"镜像"命令，镜像复制石膏剖面，如图 12-115 所示。

Step 08 执行"直线"命令，连接石膏剖面绘制直线，如图 12-116 所示。

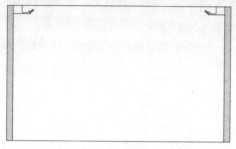

图 12-115　镜像复制石膏线

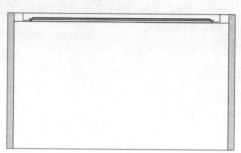

图 12-116　连接石膏线

Step 09 执行"圆"命令，绘制半径为 14mm 的圆，执行"直线"命令，绘制灯具符号，如图 12-117 所示。

Step 10 执行"矩形"命令，绘制灯具底座，执行"直线"命令，连接灯管，如图 12-118 所示。

图 12-117　绘制灯具符号

图 12-118　连接灯带

Step 11 执行"移动""复制"命令，将灯带移动至吊顶位置并进行复制，如 12-119 所示。

Step 12 执行"偏移"命令，将左右两边墙线分别向内偏移 515mm、1600mm，执行"修剪"命令，修剪直线，如图 12-120 所示。

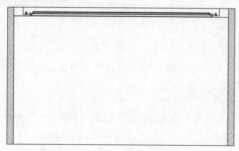

图 12-119　复制灯带

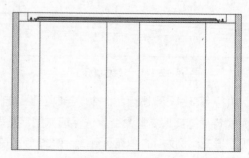

图 12-120　偏移直线造型

Step 13 执行"多段线"命令，捕捉直线绘制多段线，执行"偏移"命令，依次向内偏移直线，如图 12-121 所示。

Step 14 执行"矩形"命令，绘制 1320mm×60mm 的台面放置到合适位置，执行"修剪"命令，修剪直线，如图 12-122 所示。

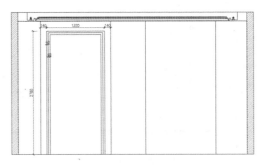

图 12-121 偏移线条

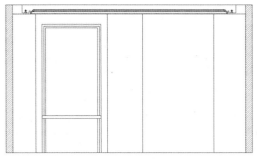

图 12-122 绘制并修剪矩形

Step 15 执行"偏移"命令，绘制装饰柜立面，执行"修剪"命令，修剪直线，如图 12-123 所示。

Step 16 执行"矩形"命令，捕捉柜体绘制矩形，执行"偏移"命令，依次向内偏移 10mm、10mm、20mm 绘制柜体装饰线条，执行"特性匹配"命令，修改线型颜色，如图 12-124 所示。

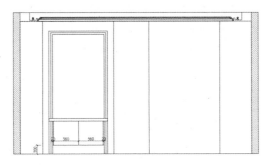

图 12-123 绘制装饰柜

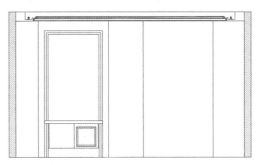

图 12-124 偏移矩形

Step 17 执行"图案填充"命令，选择填充图案 AR-RROOFF，设置填充角度为 45，设置填充比例为 10，填充柜门，如图 12-125 所示。

Step 18 执行"镜像"命令，以柜体中心点为镜像点，镜像复制柜门，如图 12-126 所示。

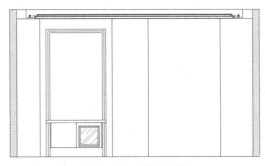

图 12-125 填充柜门

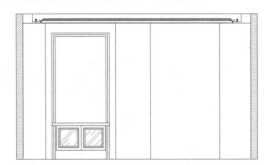

图 12-126 镜像复制柜门

Step 19 执行"圆""偏移"命令，绘制柜门把手，执行"镜像"命令，镜像复制门把手，如图 12-127 所示。

Step 20 执行"插入"→"块"命令,导入电视机图块,如图 12-128 所示。

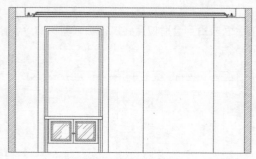

图 12-127 绘制门把手

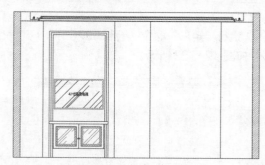

图 12-128 导入电视机

Step 21 执行"图案填充"命令,选择填充图案 ANGLE,设置填充比例为 8,填充背景墙,如图 12-129 所示。

Step 22 执行"复制"命令,选择背景墙造型,指定左下角点为基点,向右复制背景墙造型,如图 12-130 所示。

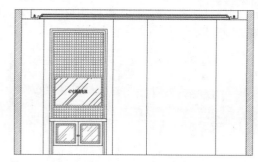

图 12-129 填充图案

图 12-130 镜像复制背景

Step 23 执行"直线""偏移"命令,绘制地台,执行"修剪"命令,修剪直线,如图 12-131 所示。

Step 24 执行"图案填充"命令,选择填充图案"AR-CONC",设置填充比例为 1,填充地台,如图 12-132 所示。

图 12-131 偏移地台

图 12-132 填充地台

Step 25 执行"矩形"命令,绘制矩形造型,如图 12-133 所示。

Step 26 执行"偏移"命令,分别将矩形向内偏移 20mm、50mm、20mm,绘制线条造型,如图 12-134 所示。

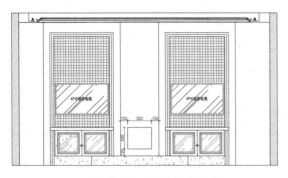

图 12-133　绘制矩形造型

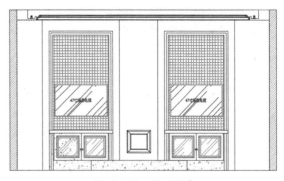

图 12-134　偏移线条

Step 27 执行"复制"命令，复制造型，执行"拉伸"命令，选中线条上部分，向上拉伸，如图 12-135 所示。

Step 28 执行"复制"命令，复制造型，执行"拉伸"命令，调整造型宽度，如图 12-136 所示。

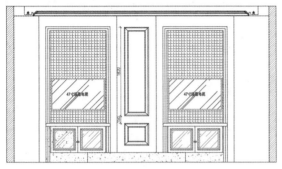

图 12-135　复制拉伸造型

图 12-136　调整造型宽度

Step 29 执行"偏移"命令，向上偏移直线绘制高 200mm 的踢脚线，执行"修剪"命令，修剪直线，如图 12-137 所示。

Step 30 执行"图案填充"命令，选择填充图案CROSS，设置填充比例为5，填充背景墙，如图 12-138 所示。

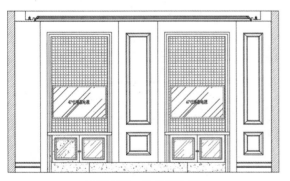

图 12-137　偏移踢脚线

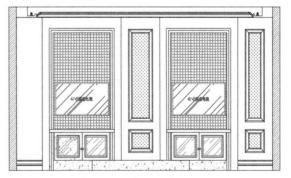

图 12-138　填充图案

Step 31 打开"标注样式"对话框，新建样式"元筑 30"，设置"线"选项卡的参数，勾选"固定长度的尺寸界线"复选框，长度为 6mm，其他参数默认，如图 12-139 所示。

Step 32 设置"符号和箭头"选项卡的参数，设置箭头类型为建筑标记，箭头大小为 1.5，其他参数默认，如图 12-140 所示。

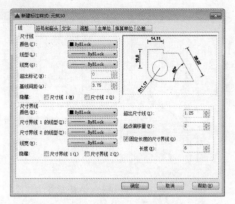

图 12-139 设置"线"选项卡

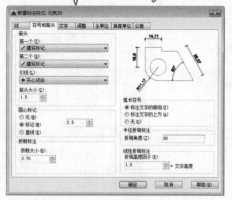

图 12-140 设置"符号和箭头"选项卡

Step 33 设置"文字"选项卡的参数,设置文字颜色,文字高度为2mm,其他参数默认,如图 12-141 所示。

Step 34 设置"调整"选项卡的参数,使用全局比例为30,其他参数默认,文字位置设置为"文字始终保持在尺寸界线之间",如图 12-142 所示。

图 12-141 设置"文字"选项卡

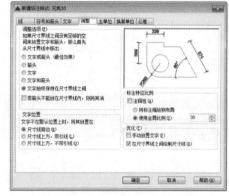

图 12-142 设置"调整"选项卡

Step 35 执行"线性""连续"命令,标注立面尺寸,如图 12-143 所示。

Step 36 执行"快速引线"命令,绘制材料说明,执行"复制"命令,依次向下复制引线说明,双击更改文字内容,如图 12-144 所示。

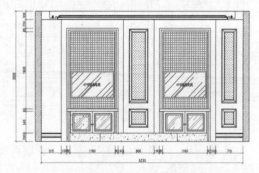

图 12-143 标注立面尺寸

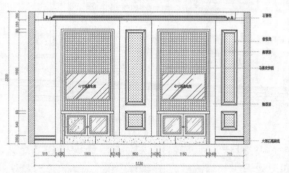

图 12-144 标注材料

Step 37 执行"多段线"命令,绘制直线,执行"多行文字"命令,绘制文字说明,执行"移动"命令,将图例说明移动到立面图中,包厢 D 立面绘制完毕,如图 12-145 所示。

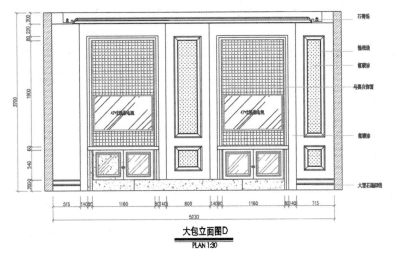

图 12-145　包厢立面图

12.2.2　绘制 KTV 包间 B 立面图

本小节中将介绍 KTV 包间 B 立面图的绘制，主要包括背景墙造型以及沙发图形的绘制等，具体步骤介绍如下。

Step 01 执行"复制"命令，复制 D 立面图，删除内部造型，保留立面轮廓和顶面，如图 12-146 所示。

Step 02 执行"偏移"命令，设置偏移距离 800mm，向上偏移直线，绘制造型分界线，如图 12-147 所示。

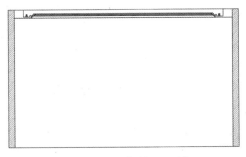

图 12-146　复制立面图框

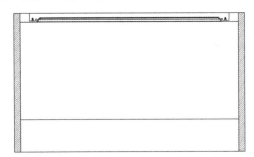

图 12-147　偏移直线

Step 03 执行"矩形"命令，绘制三个矩形造型，执行"镜像"命令，绘制对称矩形，如图 12-148 所示。

Step 04 执行"偏移"命令，分别将矩形向内偏移 30mm、50mm，绘制线条，如图 12-149 所示。

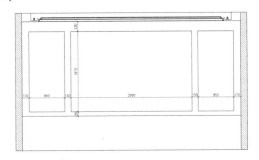

图 12-148　绘制矩形造型

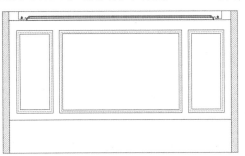

图 12-149　偏移线条

Step 05 继续执行"偏移"命令，将直线向内分别偏移 100mm、10mm、20mm、10mm，绘制线条，如图 12-150 所示。

Step 06 执行"插入"→"块"命令，导入壁灯立面图块，并进行复制操作，如图 12-151 所示

图 12-150 偏移线条

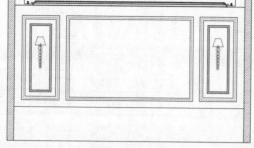

图 12-151 导入灯具

Step 07 执行"图案填充"命令，选择填充图案CROSS，设置填充比例为5，填充背景墙，如图 12-152 所示。

Step 08 执行"图案填充"命令，选择填充图案 AR-CONC，设置填充比例为 1，填充背景墙，如图 12-153 所示。

图 12-152 填充图案

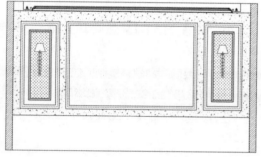

图 12-153 填充图案

Step 09 执行"直线"命令，绘制辅助线，执行"多段线"命令，绘制菱形造型，复制造型并删除辅助线，如图 12-154 所示。

Step 10 执行"偏移"命令，分别向内偏移 10mm、10mm、20mm，执行"直线"命令，连接菱形角点，如图 12-155 所示。

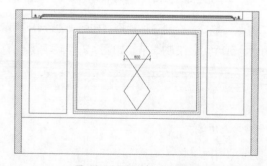

图 12-154 绘制菱形造型

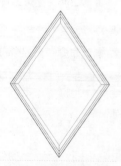

图 12-155 偏移线条

Step 11 执行"复制"命令，执行菱形下方角点为基点，向下复制菱形造型，如图 12-156 所示。

Step 12 执行"复制"命令，水平方向复制菱形造型，执行"修剪"命令，修剪造型，如图 12-157 所示。

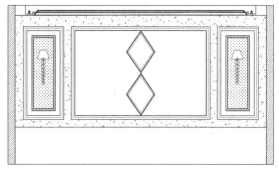

图 12-156　复制菱形

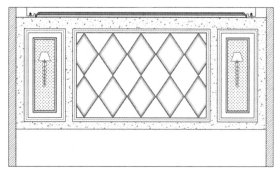

图 12-157　水平复制菱形

Step 13 继续执行"复制"命令，复制菱形造型，执行"修剪"命令，修剪造型，如图 12-158 所示。

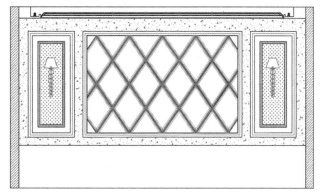

图 12-158　复制菱形

Step 14 执行"直线""偏移"命令，绘制沙发底座和靠背，执行"修剪"命令，修剪靠背，如图 12-159 所示。

Step 15 执行"直线""偏移"命令，绘制沙发坐垫，执行"修剪"命令，修剪直线，如图 12-160 所示。

Step 16 执行"圆角"命令，设置圆角半径为 20mm，修剪沙发坐垫圆角边，如图 12-161 所示。

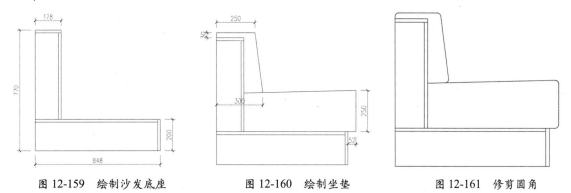

图 12-159　绘制沙发底座　　　　　图 12-160　绘制坐垫　　　　　图 12-161　修剪圆角

Step 17 执行"图案填充"命令，选择填充图案 NET，设置填充比例为 10，设置填充角度为 45，填充沙发靠背，如图 12-162 所示。

Step 18 执行"图案填充"命令，选择填充图案 ANSI31，设置填充比例为 5，设置填充角度为 90，填充沙发底座，如图 12-163 所示。

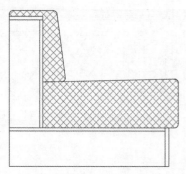

图 12-162 填充靠背

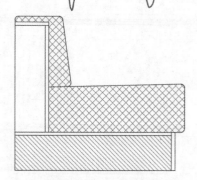

图 12-163 填充底座

Step 19 执行"镜像"命令，以造型中心点为镜像中心，镜像复制沙发侧面，如图 12-164 所示。

Step 20 执行"直线"命令，连接沙发侧面，绘制沙发立面效果，如图 12-165 所示。

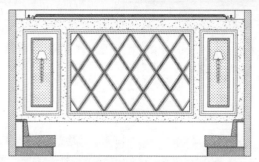

图 12-164 镜像复制沙发

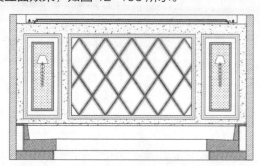

图 12-165 连接直线

Step 21 执行"线性""连续"命令，标注立面尺寸，如图 12-166 所示。

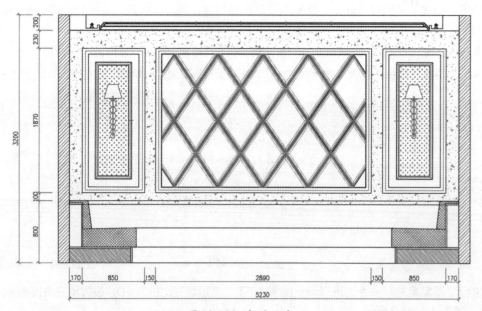

图 12-166 标注尺寸

Step 22 执行"快速引线"命令，绘制引线标注，执行"复制"命令，依次向下复制引线说明，双击更改文字内容，如图 12-167 所示。

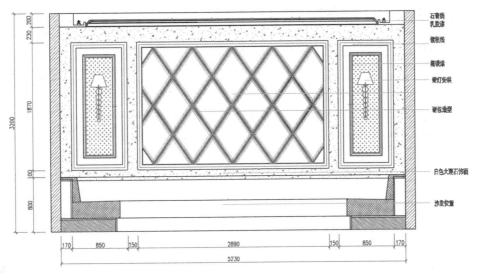

图 12-167　标注材料说明

Step 23 执行"复制"命令，复制图例说明，双击更改文字内容，包厢 B 立面绘制完毕，如图 12-168 所示。

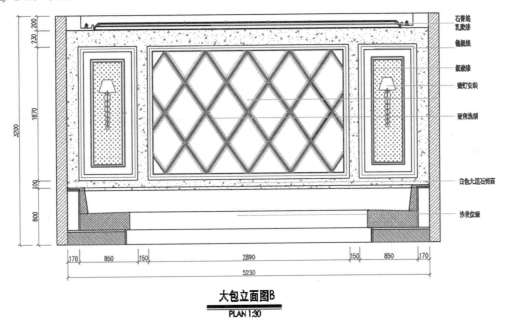

大包立面图B
PLAN 1:30

图 12-168　包间 B 立面效果图

12.3 绘制结构详图

　　结构详图是指对平面布置图、立面图等图样未表达清楚的部分进一步放大比例绘制出的更详细的图样，使施工人员在施工时可以清楚地了解每一个细节，做到准确无误。

12.3.1　绘制包间 D 地台剖面图

下面将介绍包间地台剖面图形的绘制，具体绘制步骤介绍如下。

Step 01 执行"圆"命令，绘制半径为 200mm 的剖切符号，执行"多段线"命令，设置线宽为 10，绘制剖切直线，如图 12-169 所示。

Step 02 执行"多行文字"命令，绘制文字说明，如图 12-170 所示。

Step 03 执行"移动"命令，选择剖切符号，将符号移动到如图 12-171 所示位置。

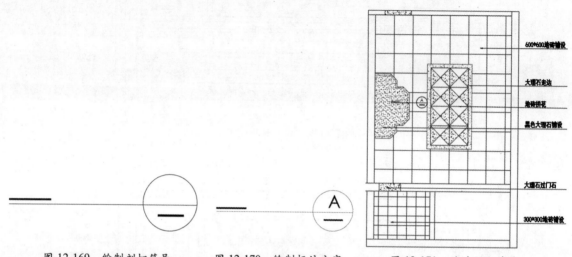

图 12-169　绘制剖切符号　　　图 12-170　绘制标注文字　　　图 12-171　移动剖面符号

Step 04 执行"直线""偏移""多段线""修剪"命令，绘制 240mm 的墙体和 120mm 的地面，如图 10-172 所示。

Step 05 执行"图案填充"命令，选择填充图案 ANSI31，设置填充比例为 10，填充墙体剖面，如图 12-173 所示。

Step 06 执行"图案填充"命令，选择填充图案 AR-CONC，设置填充比例为 1，继续填充墙体，如图 12-174 所示。

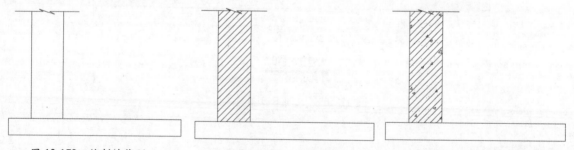

图 12-172　绘制墙体剖面　　　图 12-173　填充墙体　　　图 12-174　填充墙体

Step 07 执行"图案填充"命令，选择填充图案 AR-HBONE，设置填充比例为 1，填充原地面，如图 12-175 所示。

Step 08 执行"直线""偏移"命令，绘制地台剖面，执行"修剪"命令，修剪剖面造型，如图 12-176 所示。

Step 09 执行"偏移"命令，偏移地台理石厚度，执行"修剪"命令，修剪直线，如图 12-177 所示。

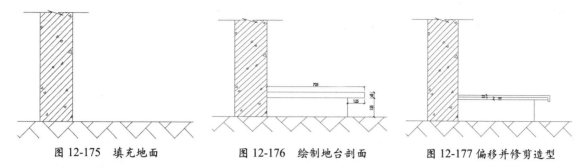

图 12-175　填充地面　　　　图 12-176　绘制地台剖面　　　　图 12-177 偏移并修剪造型

Step 10 执行"圆角"命令，设置圆角半径为 8mm，修剪理石圆角，如图 12-178 所示。

Step 11 执行"图案填充"命令，选择填充图案 ANSI31，设置填充比例为 10，填充木工板基层，如图 12-179 所示。

Step 12 执行"图案填充"命令，选择填充图案 AR-CONC，设置填充比例为 1，填充理石剖面，如图 12-180 所示。

图 12-178　修剪圆角　　　　图 12-179　填充木工板　　　　图 12-180　填充理石

Step 13 执行"图案填充"命令，选择填充图案 ANSI37，设置填充比例为 10，填充地台，如图 12-181 所示。

Step 14 执行"矩形""圆"命令，绘制灯带剖面，执行"移动"命令，将灯带移动至如图 12-182 所示位置。

Step 15 执行"偏移"命令，设置偏移距离为 15mm，偏移理石厚度和黏贴层，执行"修剪"命令，修剪直线，如图 12-183 所示。

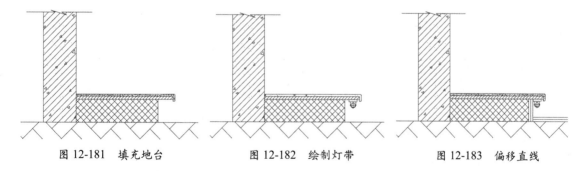

图 12-181　填充地台　　　　图 12-182　绘制灯带　　　　图 12-183　偏移直线

Step 16 执行"图案填充"命令，选择填充图案 ANSI38，设置填充比例为 2，填充水泥砂浆粘贴层，如图 12-184 所示。

Step 17 执行"图案填充"命令，选择填充图案 AR-CONC，设置填充比例为 1，填充理石剖面，如图 12-185 所示。

Step 18 打开"标注样式管理器"对话框，将 J-10 标注样式置为当前，执行"线性"命令，标注剖面尺寸，如图 12-186 所示。

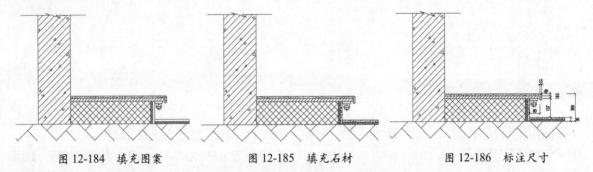

图 12-184 填充图案   图 12-185 填充石材   图 12-186 标注尺寸

Step 19 执行"快速引线"命令，绘制引线标注，复制并修改文字内容，如图 12-187 所示。

Step 20 执行"圆""直线"命令，绘制圆形图例符号，执行"多行文字"命令，标注图例文字，如图 12-188 所示。

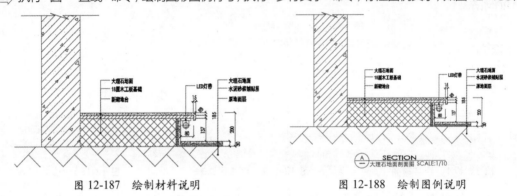

图 12-187 绘制材料说明   图 12-188 绘制图例说明

12.3.2 绘制包间 B 背景墙造型剖面图

下面将介绍包间 B 背景墙造型剖面图形的绘制，具体绘制步骤介绍如下。

Step 01 执行"复制"命令，复制切切符号，执行"镜像"命令，复制剖切方向，如图 12-189 所示。

Step 02 执行"直线"命令，绘制 200mm 厚的墙体剖面，执行"多段线"命令，绘制剖切符号，再修剪图形，如图 12-190 所示。

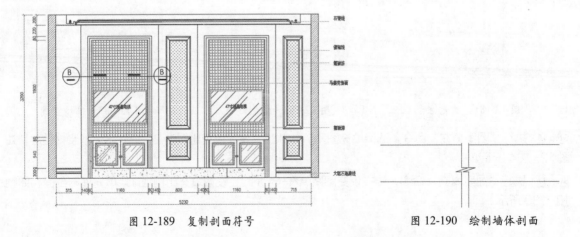

图 12-189 复制剖面符号   图 12-190 绘制墙体剖面

Step 03 复制剖切符号，执行"图案填充"命令，选择填充图案"ANSI31"，设置填充比例为10，填充墙体，如图 12-191 所示。

Step 04 执行"图案填充"命令，选择填充图案"AR-CONC"，设置填充比例为1，继续填充墙体，如图 12-192 所示。

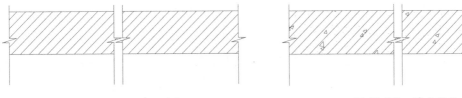

图 12-191 填充墙体   图 12-192 填充墙体

Step 05 执行"偏移"命令，偏移造型厚度，执行"修剪"命令，修剪直线，如图 12-193 所示。

Step 06 执行"偏移"命令，设置偏移尺寸 3mm，绘制饰面板，执行"修剪"命令，修剪直线，如图 12-194 所示。

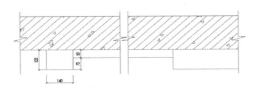 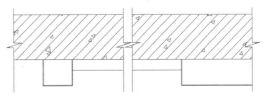

图 12-193 偏移并修剪造型   图 12-194 偏移饰面板

Step 07 执行"偏移"命令，设置偏移尺寸 18mm，偏移木工板厚度，执行"修剪"命令，修剪直线，如图 12-195 所示。

Step 08 执行"直线"命令，绘制木工板填充图案，执行"复制"命令，复制图案，如图 12-196 所示。

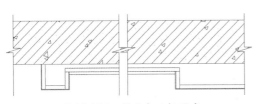 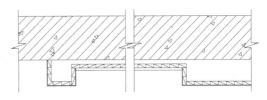

图 12-195 偏移木工板厚度   图 12-196 绘制木工板剖面

Step 09 执行"图案填充"命令，选择填充图案 ANSI34，设置填充比例为1，填充马赛克填充层，如图 12-197 所示。

Step 10 执行"矩形""直线"命令，绘制 30mm×20mm 的龙骨截面，执行"复制"命令，复制截面，如图 12-198 所示。

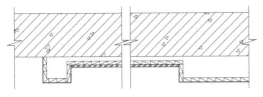 

图 12-197 填充马赛克   图 12-198 绘制木龙骨

Step 11 执行"直线""圆弧"命令，绘制线条剖面造型，如图 12-199 所示。

Step 12 执行"图案填充"命令，选择填充图案 ANSI31，设置填充比例为 1，填充线条剖面，如图 12-200 所示。

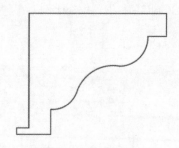

图 12-199 绘制线条剖面

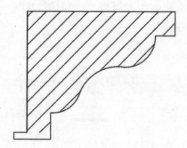

图 12-200 填充剖面

Step 13 执行"镜像"命令，镜像复制线条剖面，如图 12-201 所示。

Step 14 打开"标注样式管理器"对话框，将 J-10 标注样式置为当前，执行"线性"命令，标注剖面尺寸，如图 12-202 所示。

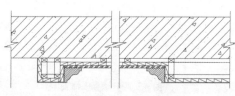

图 12-201 标注材料名称

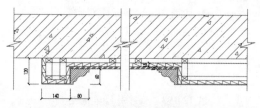

图 12-202 标注尺寸

Step 15 执行"快速引线"命令，绘制引线标注，复制并修改文字内容，如图 12-203 所示。

Step 16 执行"复制"命令，复制图例说明，双击更改文字内容，如图 12-204 所示。

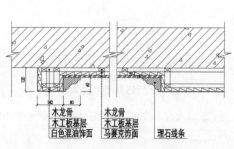

图 12-203 标注材料名称

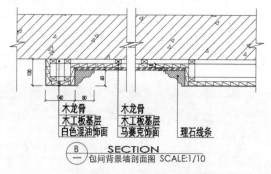

图 12-204 包间 B 剖面图绘制效果

附录 A

室内施工工艺

A.1 吊顶工程

一、轻钢龙骨纸面石膏板吊顶

1. 工艺流程图

弹线→安装吊杆→安装主龙骨→安装次龙骨及横撑→起拱调平→安装石膏板。

2. 操作要点

（1）依据图纸吊顶标高，沿墙、柱面 1m 高四周弹水平标高线作为吊顶安装标准控制线。

（2）采用 $\phi8$ 全丝吊杆，安装时先将螺杆调直，丝杆外露螺纹长度不应小于 30mm。不能将吊点设在设备支架上，应调整吊点构造或增设吊杆。

（3）根据吊顶平面图及龙骨的排列方向和间距确定吊杆固定点，吊点间距为 600~1000mm，在吊点处可用冲击钻将吊点对应的楼板底打出 $\phi10$ 洞口，将装有吊杆的 $\phi8$ 膨胀螺丝固定于吊点处，并调直吊杆使之牢固不变形。

（4）安装主龙骨时，先将主龙骨用大吊挂件连接在吊杆上，拧紧螺丝卡牢，主龙骨接长可用接杆件连接，并考虑顶棚起拱高度不少于房间短向跨度的 l/200（10m 跨内水平线上中心提高 1cm），跨度越大起拱随之增大。主龙骨间距为 800mm。

（5）吊杆距主龙骨端部距离不得大于 300mm，当大于 300mm 时，增加吊杆。当吊杆长度大于 1.5m 时，设置反支撑。当吊杆与设备相遇时，调整并增设吊杆。

（6）次龙骨用挂件固定在主龙骨下面，吊挂件上端搭在主龙骨上，U 形腿用钳子插入主龙骨内卡牢，次龙骨间距为 400mm。当间距大于 400 时，增加次龙骨。

（7）横撑龙骨与次龙骨垂直，装在罩面板拼接处，横撑龙骨与次龙骨之间采用连接件连接，再安装沿边的异型龙骨或铝角条。

（8）龙骨调平。在安装龙骨前，根据标高控制线，使龙骨就位，因此龙骨的调平与安装宜同时完成。

（9）石膏板安装前需对已安装完的龙骨和石膏板进行检查，龙骨底面要平整，一切符合要求后方可进行面板安装。

3. 石膏板的安装应符合的技术要求

（1）要求安装牢固、板面平整，无凹凸，无断裂，边角整齐。

（2）从稳定方面考虑，龙骨与墙面之间的距离应小于 10cm。

（3）石膏板安装时应错缝固定在龙骨架上。

4. 验收标准

项次	项目	允许偏差	检验方法
1	表面平整度	3mm	用 2m 靠尺和塞尺检查
2	接缝直线度	3mm	拉 5m 线，不足 5m 拉通线，用钢尺检查
3	接缝高低度	1mm	用钢尺和塞尺检查

二、条形铝扣板吊顶

1. 施工程序

测量放线→安装吊杆→安装轻钢龙骨→安装机电设备管道→检查检修道→安装扣卡式龙骨→安装铝扣板→安装风口灯具→调平验收。

2. 施工要点

（1）测量放线。根据设计图纸的要求，弹标高线和龙骨布置线，检查机电管道使之满足设计要求。

（2）吊杆与轻钢龙骨安装。吊杆安装的间距取决于龙骨的布置，条形板天花主龙骨间距为 1200mm，龙骨吊杆间距为 800~1200mm，如遇设备管道时龙骨吊杆间距适当缩小。

（3）检查机电。检查天花上的通风、消防、电器线路是否安装好，是否已完成试压、保温、防腐等工作，天花检修道是否已安装好。

（4）整个龙骨调平后安装铝扣板。

3. 铝扣板天花安装的注意事项

（1）吊杆距主龙骨端部距离不得超过 300mm，否则应增设吊杆，以免主龙骨下坠。

（2）边龙骨应按设计要求弹线，固定在四周墙上。

（3）全面校正龙骨架的位置及水平度。通常次龙骨连接处的对接错位偏差不得超过 1mm。校正后应将龙骨的所有吊挂件、连接件拧紧。检查安装好吊顶骨架，应牢固可靠。

（4）设备、灯饰应弹线开孔，这直接关系到天花装饰效果。风口、灯具等设备与天棚表面衔接要得体，安装要吻合。

（5）检查孔、通风口、与墙面或柱面交接部位，应用边龙骨封口。检查孔部位，牵涉到两面收口，应用两根边龙骨背靠背，拉铆钉固定，然后按预留口的尺寸围成框。

4. 铝板吊顶验收标准

项次	项目	允许偏差	检验方法
1	表面平整度	2mm	用 2m 靠尺和塞尺检查
2	接缝直线度	1.5mm	拉 5m 线，不足 5m 拉通线，用钢尺检查
3	接缝高低度	1mm	用钢尺和塞尺检查

三、矿棉板吊顶

1. 施工工艺

弹线→安装吊杆→安装主龙骨→安装次龙骨→起拱调平→安装矿棉板。

2. 施工方法

（1）根据图纸先在墙上、柱上弹出顶棚标高水平墨线，在顶板上画出吊顶布局，确定吊杆位置并与原预留吊杆焊接。

（2）根据吊顶标高安装主龙骨，基本定位后调节吊挂抄平下皮；再根据板的规格确定次龙骨位置。

（3）主龙骨间距一般为1000mm，龙骨接头和吊杆的方向要错开。用吊杆上的螺栓上下调节，保证一定起拱度，房间短向1/200，开孔位置需将大龙骨加固。

（4）施工过程中注意各工种之间配合，待顶棚内的风口、灯具、消防管线等施工完毕，并通过各种试验后方可安装面板。

（5）矿棉板安装。注意矿棉板的表面色泽，必须符合设计规范要求，对矿棉板的几何尺寸进行核定，偏差在 ±1mm，安装时注意对缝尺寸，安装完后轻轻撕去其表面保护膜。

3. 明龙骨吊顶工程安装的允许偏差

项次	项目	允许偏差 矿棉板	检验方法
1	表面平整度	2mm	用 2m 靠尺和塞尺检查
2	接缝直线度	1.5mm	拉 5m 线，不足 5m 拉通线，用钢尺检查
3	接缝高低度	1mm	用钢尺和塞尺检查

A.2 地面工程

一、玻化砖铺贴施工工艺

1. 工艺流程

施工准备→清理基层→试排面砖模数→分墨弹线→扫浆→铺水泥砂浆结合层→试铺板材→抹稀砂浆→铺贴板材→清洁、保护、养护→检查验收。

2. 操作工艺

（1）基层处理：把沾在基层上的浮浆、落地灰等用錾子或钢丝刷清理掉，再用扫帚将浮土清扫干净。

（2）弹线：根据水平标准线和设计厚度，在四周墙上、柱上弹出面层的水平标高控制线。

（3）预铺：将房间依照砖的尺寸留缝大小，排出砖的放置位置，并在基层地面弹出十字控制线和分格线。

（4）铺设结合层砂浆：铺设前应将基底润湿，并在基底上刷一道水泥浆或界面结合剂，随刷随铺搅拌均匀的干硬性水泥砂浆。

（5）铺贴：将砖放置在1:3 的干硬性水泥砂浆找平层上，用橡皮锤找平，之后将砖拿起，

在砖背面刮厚度 1~5mm 的素水泥膏，再将砖放置在找过平的干硬性水泥砂浆上，用橡皮锤按标高控制线和方正控制线坐平坐正。

（6）铺砖时应按照各房间的实际开间尺寸来进行，应尽量保证铺贴整砖，非整砖应对称考虑铺设，并随时用 2m 靠尺和水平尺检查平整度。

（7）养护：当面砖铺贴完 24h 内应开始浇水养护，养护时间不得小于 7d。

（8）勾缝：当砖面层的强度达到可上人的时候，用同色勾缝剂进行勾缝，要求缝清晰、顺直、平整、光滑、深浅一致，缝应低于砖面 0.5~1mm。

（9）清理：当勾缝剂凝固后再用棉纱等物对地砖表面进行清理（一般宜在 12h 之后）。

3. 楼梯施工要点

（1）测量放线。楼梯的测量放线应在各层的标高水平线、平面控制轴网的基准线确认后进行。

（2）梯级砖安装。梯级砖施工由下而上顺序安装，梯级立面砖应压在梯级面砖上。面砖安装与普通地砖安装相同，立面砖如果没有 1:3 干硬性水泥砂浆粘结层，直接在立面砖背面用 1:2 砂浆摊抹后安装。

4. 地砖铺贴的注意事项

（1）大面积的铺贴地砖是从铺好的标准块进行的，铺贴时紧靠标准块退步施工，并拉对缝线控制地砖对缝平直度。

（2）边铺贴边用水平尺检查校正，并用橡皮锤敲实，防止空鼓。

（3）铺贴地砖前应注意挑选，几何尺寸不正、缺角、脱边、敲曲、裂缝和表面污损的不得使用。

（4）如遇建筑阴阳角、固定物、地漏等需切割地砖时，应用整砖切割，套割吻合，不能用碎瓷砖凑合使用。

（5）卫生间和有排水的空间铺贴地砖时应有 1:500 的坡度，将流水方向引导到地漏，绝不允许反坡向倒流或积水现象出现。

5. 地砖的验收标准

项次	项目	允许偏差				
		表面平整度	缝格平直	接缝高低差	踢脚线上口平直	板块间隙宽度
1	地砖面层	2.0mm	3.0mm	0.5mm	3.0mm	2.0mm
	检验方法	用 2m 靠尺和塞尺检查	拉 5m 线和用钢尺检查	用钢尺和塞尺检查	拉 5m 线和用钢尺检查	用钢尺检查

二、石材铺贴

1. 施工程序

清理基层→弹线→安装标准块→铺贴→洗缝→养护。

2. 施工要点

（1）基层处理。包括基层地面铲净、清扫及标高的复核处理等，其重点是楼面标高的整体复核，局部超出标高的基层剔除，不够标高的修补做垫层。

（2）找水平、弹线。在地面基层上贴水平灰饼，弹十字线控制线控制整个平水，施工前一天洒水湿润基层。

（3）安装标准块。在十字线处安装标准块，再从十字线标准块处采用退步方法向四个方向铺贴。十字铺贴完成后，在柱位处，宜先铺贴柱与柱间的部分，再往两边展开，最后安装石材地脚线收口。

（4）铺贴。石材板铺贴前应泼水湿润阴干备用，在基层上刷一道素水泥浆，随刷随铺，用20mm 厚 1:3 干硬性水泥砂浆做粘结层，铺板时采用砂浆初平→安板→敲实→翻板→淋水泥浆→安板，板材安放好后用橡皮锤敲实，以达到安装高度，又使砂浆粘结层平整密实。

（5）大面积板块铺完，且各项指标均能满足要求后，开始铺设波打线圈边石材，采用由控制线向两边铺设的流向施工。

（6）洗缝。石材板铺贴后用同色勾缝剂填缝嵌实，再用布擦干净面层。

（7）养护。石材板面应涂刷一层保护封闭腊，养护期三天内禁止踩踏。

3. 地面石材安装的注意事项

（1）根据设计图纸现场放线后再绘制开料图，并按图编号订货，开料图要尽量减少石材订货规格。

（2）石材铺贴前要对色编号，排版试拼，以便按图对号入座。

（3）用草绳等易褪色的材料包装石材板时，拆包前要防止受潮和污染。

4. 成品、半成品的保护

（1）存放石材板块，不得长期受雨淋和水泡，要采取立放，光面相对，板块下应垫木方，现场搬运时也应按上述要求。

（2）施工人员应穿软底鞋，并要做到随砌随揩净。

（3）如石板因供货不到位，地面铺面尚未完成，其边沿的石为了防止被碰撞松脱，应在边面前加铺一派边料石（报废无用的），加以保护。

（4）铺砌好地面的房间应临时封闭，当必须进入施工时，应在地面上作必要的铺垫保护，要避免重物铁器碰伤或划痕。

5. 石材安装的验收标准

项次	项目	允许偏差				
		表面平整度	缝格平直	接缝高低差	踢脚线上口平直	板块间隙宽度
1	石材面层	1.0mm	2.0mm	0.5mm	1.0mm	1.0mm
检验方法		用 2m 靠尺和塞尺检查	拉 5m 线和用钢尺检查	用钢尺和塞尺检查	拉 5m 线和用钢尺检查	用钢尺检查

A.3 墙面工程

一、墙砖粘贴

1. 施工程序

基层处理→挑选面砖→放线→浸砖润墙→面砖粘贴→清缝勾缝。

2. 施工要点

（1）基层处理。先剔除墙柱体面上多余灰浆并清扫浮土，然后用清水打湿墙面，抹 1:3 水泥沙浆底层，其厚度约 6mm，要刮平、拍实、搓粗，最后做到基层表面平整而粗糙。

（2）挑选面砖。施工前应对进场的面砖全部开箱检查，砖面应平整，边缘棱角整齐，不得缺损，并且表面不得有变色、起碱、砂浆流痕和显著光泽受损处。

（3）放线。在底灰上可先弹出垂直与水平的十字坐标控制线，再根据采用的砖的排列形式，用砖的实际规格与墙面实际尺寸相结合，确定面砖出墙尺寸和缝的宽度。通过试排成功及确定后，弹出每块砖的竖缝和横缝，保证面砖的横平竖直、缝道均匀。

3. 浸砖润墙

这是保证装饰面质量的一个重要技术环节。釉面砖粘贴前应放入清水中浸泡 2 小时以上，然后取出晾干至手按砖背无水迹时方可粘贴。

4. 面砖粘贴

（1）粘结砂浆配合比采用 1:2（体积比）水泥砂浆。

（2）排砖：室内粘贴面砖的接缝宽度应按设计要求；卫生间 300mm×600mm 墙砖需留 V 形缝，此缝由厂家直接加工后送至现场；电梯厅墙面无设计要求，接缝宽度为 1~1.5mm，且横竖缝宽应一致，比较美观。

（3）粘结层厚度：在面砖背面满抹灰浆，四角刮成斜面，厚约 5mm 左右，注意边角满浆。

（4）就位与固定：面砖就位后用木柄轻击砖面，使之与临面齐平，粘贴 5~10 块，用靠尺板检查表面平整，并用灰匙将缝拨直。阳角拼缝可用阳角条，保证接缝平直、密实。

（5）清缝勾缝：扫光表面灰，用竹签划缝，并用棉丝拭净，粘完一面墙后，要将横竖缝划出来；墙面釉面砖勾缝用白色水泥，待嵌缝材料硬化后再清洗表面。

5. 墙砖的注意事项

（1）施工顺序由下往上分层粘贴，先粘墙面砖，后贴阴角及阳角，其次粘压顶，最后粘底座阴角。

（2）面砖粘贴 20 分钟内，切忌挪动或震动。

（3）按要求采用横平竖直通缝式粘贴方法；面砖横竖缝宽必须保证在 1~1.5mm 范围之内，在质量检查时，要检查缝宽、缝直等内容。

（4）突出物、管线穿过的部位支撑处，不得用碎砖粘贴，应用整砖套割吻合，突出墙面的边缘厚度应一致。

（5）施工中如发现有粘贴不密实的面砖，必须取下添灰重贴。

6. 墙砖的验收标准

项次	项目	允许偏差	检验方法
1	立面垂直度	2mm	用 2m 垂直检测尺检查
2	表面平整度	3mm	用 2m 靠尺和塞尺检查
3	阴阳角方正	3mm	用直角检测尺检查
4	接缝直线度	2mm	拉 5m 线，不足 5m 拉通线，用钢尺检查
5	接缝高低差	0.5mm	用钢尺和塞尺检查
6	接缝宽度	1mm	用钢尺检查

A.4 涂饰工程

一、原顶喷涂乳胶漆

（1）施工程序：清理基层→打磨梁、板→喷刷乳胶漆。

（2）施工要点：涂料施工前需对天棚原顶的毛刺和模板接缝处遗留的不平整部位进行打磨处理，并对各面进行点补蜂窝麻面，同时清理梁、板上的污染物、残留灰耙，使天棚梁、板达到一定的平整度后，再进行喷涂乳胶漆。

二、墙面、天棚乳胶漆工程

1. 施工程序

基层清理→基层修补→刮腻子→修补打磨→腻子成活→刷面层涂料。

2. 施工要点

（1）基层表面的浮尘、疙瘩要清理干净，表面的隔离剂、油污必须用碱水清刷干净，用清水冲洗干净余留碱液。

（2）天棚石膏板接缝处先用嵌缝石膏填满，用乳白胶粘贴一层玻璃纤维绷带，绷带宽度应不小于 80mm，粘贴时应将绷带拉直、糊平。

（3）待绷带充分干燥后，分 2~3 次用腻子找平接缝，每一次间隔时间应不小于 12h。满刮腻子应根据墙体的平整度用腻子进找平，并用铝合金靠尺随时检查，阴阳角部位应弹线进行修整。

（4）腻子干燥后，将砂纸绑在 50mm×150mm 木枋上进行打磨，腻子打磨完成后，将浮尘用毛掸清理干净。

（5）喷浆应按先上后下的顺序，沿一个方向进行喷涂，喷涂时喷头离墙 20~30cm 为宜，移动速度要平稳，使涂层厚度均匀。

（6）第一遍涂料干燥后，对墙面上的麻点、坑洼、刮痕要用腻子重新找平，然后用细砂纸轻磨，并把粉尘清理干净，达到表面光滑平整。然后进行第二、三遍涂料的施工。

3. 乳胶漆施工的注意事项

（1）水泥砂浆基层要选择耐碱性的乳胶漆，湿度较高或局部有明水的空间要选择耐水性的腻子和乳胶漆。

（2）基层必须干燥、干净，并做必要的表面处理。

（3）接搓必须在施工缝或阴阳角处，不得任意甩搓。

（4）每批材料的颜料和各种材料的配合比必须一致。

4. 乳胶漆施工的验收标准

项次	项目	普通涂饰	高级涂饰	检验方法
1	颜色	均匀一致	均匀一致	观察
2	泛碱、咬色	允许少量轻微	不允许	
3	阴流坠、疙瘩	允许少量轻微	不允许	
4	砂眼、刷纹	允许少量轻微砂眼、刷纹通顺	无砂眼、无刷纹	
5	装饰线、分色线直线度允许偏差	2mm	1mm	拉5m线，不足5m拉通线，用钢尺检查

A.5 卫生间防水工程

1. 作业条件

穿过卫生间地面及楼面的所有立管、套管已完成，并已固定牢固，经过验收。卫生间楼地面找平层已完成，标高符合要求，表面应抹平压光、坚实。

2. 工艺流程

清理基层→涂刷基层处理剂→铺贴卷材附加层→热熔铺贴卷材→热熔封边→蓄水试验→做保护层。

3. 施工要点

（1）基层处理：清理墙、地面，将浮灰和残余物的冲刷干净。

（2）找平层的泛水坡度应在2%，以上不得局部积水，与墙交接处及转角处、管根部，均要抹成均匀一致、平整光滑的小圆角。凡是靠墙的管根处均要抹出5%坡度，避免此处积水。

（3）按设计要求满做SBS卷材防水层，墙面上卷高度为1200mm。墙面基层抹灰要压光，要求平整，无空鼓、裂缝、起砂等缺陷。

（4）24h闭水试验：涂层经隐蔽验收后，进行24h闭水试验，检查有无渗漏现象，并每隔6h做好检查记录。

（5）砂浆层保护：闭水试验无渗漏后即进行砂浆层保护，以免防水层受到损坏，影响防水效果。

A.6 电气工程

一、电缆桥架及线槽

（1）水平强电及弱电电缆桥架、支架间距不应大于2m，安装选用吊架及托架方式，具体安装参照国标及桥架制造厂提供的安装详图。

（2）电缆桥架安装，应因地制宜选择支、吊架，在某一段内桥架的支、吊架应一致。

（3）电缆桥架连接严禁采用电、气焊接。

（4）电缆桥架与各种管道平行、交叉架设时，其净距离应满足规定的要求。

（5）两组电缆桥架及线槽在同一槽梁上安装时，两组电缆桥架及线槽之间的净距离不小于50mm。电缆桥架到楼板、梁或其他障碍物等的底部的距离应不小于300mm。电缆桥架及线槽水平安装时，其连接板连接时不应置于跨度的1/2处或支撑点上。电缆桥架及线槽安装时出现的悬臂段，一般不得超过100mm。

二、电气配管

1. 施工准备

（1）KBG钢管电线管壁厚均匀，焊缝均匀，无裂痕、砂眼、棱眼、棱刺和凹扁现象，有产品合格证和材质检测报告。

（2）管箍（束结）使用通丝的丝扣清晰不乱扣，镀锌完整，无剥落，无裂痕，两端光滑无毛刺，有产品合格证。

（3）钢材应符合国家标准，并有产品合格证。

2. 管路的敷设

（1）所有管路选最近的路线敷设，应减少弯曲，埋入混凝土或墙体内表面层保护不小于 15mm。

（2）管路的连接采用丝扣连结，套丝不得乱丝，裸露丝不多于 2~3mm，采用套管，套管长度宜为管外径 1.5~3 倍，管与管的对口处应位于套管中心。

（3）管与箱盒的连接。箱盒开孔应整齐，与管径相吻合，要求一管一孔，不得开长孔。铁制箱、盒严禁电、气焊开孔，并应刷防腐漆，定型的箱、盒敲落，大管径小，周边缝隙应用橡皮垫封堵。管口入箱、盒、暗配管可用跨接地线焊接固定在盒、箱棱边上。管口与落孔不得有焊接，进入箱、盒的管口应小于 5mm，用梳扣锁紧管口，管口丝露出 2~4 扣，两根以上管入箱、盒要长短一致，间距均匀，排齐整。

（4）箱、盒定位。固定箱、盒要求平整牢固，坐标正确，现浇混凝土墙的箱、盒加支铁固定，将盒内、箱内管口及箱、盒封堵，以防砂浆进入。

（5）所有管道都应彻底清除所有的灰尘、毛刺及水分，管道行程中所有的角度和弯曲应在现场用弯曲机制成。

3. 应注意的质量问题

（1）暗配管路弯曲过多，敷设管路时，应按设计图纸要求的现场情况，沿最近的线路敷设，不要绕行，弯曲度可明显减少。

（2）暗配管路造成堵塞，模板拆除后或砌完后，配管应及时吹扫，发现堵管，立即恢复。配管后应及时将管口、箱、盒堵严密。

（3）管口排列不平齐，有毛刺，断管后应及时铣口，锉平管口，去掉毛刺。

（4）套管连接管路，对口焊缝不严密，按规范要求，管与管对口处于套管中心位置，套管长度为管外径的 1.5~3 倍，焊缝应严密牢固。

三、电气配线

1. 施工前的材料准备

（1）绝缘导线规格、型号必须符合设计要求，具有出厂合格证书。

（2）选用管护口，一般塑料件阻燃性。

（3）选用与导线根数和总截面相应规格的接线端子。

2. 工艺流程：

选择导线→扫管→穿带线→放线及断线→导线与带线的绑扎→带护口→导线连接→导线焊接→导线包扎→线路检查绝缘摇测。

3. 电气配线

（1）穿线前应将管中积水、杂物清除干净，管口毛刺打磨平滑。

（2）管内导线的总截面积不超过管子截面积的 40%。

（3）导线穿入钢管后应在管口处装护套保护导线，导线从电线管口引到电机设备接线箱部分需穿软管加以保护。

（4）导线在管内、线槽内不应有接头或扭结。

（5）不同系统、不同电压等级、不同电流类别的线路，不应穿在同一管内或线槽内的同一

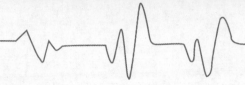

槽孔内。

（6）导线在线槽内敷设时应按规定距离给予固定，并标注编号标记。

（7）铜芯导线的中间连接和分支连接应使用熔焊、线夹或压接法连接。

（8）超过2.5mm的多股铜芯线终端应焊接或压接接线端子后再与电器设备的接线端子连接。

（9）接地线应采用黄、绿二色的双色绝缘多股铜芯线作为接地线。

（10）实行导线分色法施工，严格按指定的色别用线，L1相为黄色，L2相为绿色，L3相为红色，N线为淡蓝色，PE保护线为黄绿双色。

4. 线路检查

接、焊、包全部完成后，应进行自检和互检，检查导线接、焊、包是否符合设计要求及有关施工验收规范及质量、验评标准的规定，不符合时应立即纠正，检查无误后再进行摇测。

四、开关、插座安装

1. 材料准备

选择的开关、插座的规格、型号必须符合设计要求，并有产品合格证。

2. 工艺流程

清理→接线→安装。

3. 产品保护

（1）安装开关、插座时不得碰坏墙面，要保持墙面的清洁。

（2）开关、插座安装完毕后，不得再次进行喷浆，以保持面板的清洁。

（3）其他工种在施工时，不要碰坏和碰歪开关、插座。

五、配电箱安装

（1）根据设计图纸，找准安装位置，箱内电缆或导线排列整齐，接线端子标志清晰、连接良好，接地可靠。

（2）配电设备内部元件排列整齐，便于操作维修，实测绝缘电阻符合规定。零线与PE线接线端子、汇流排应分别排列，零线端子应安装在绝缘体上。

（3）配电箱安装应牢固、平正，其垂直度允许偏差为3mm。

（4）配电箱的固定：本工程均为暗装箱，根据尺寸在准确位置墙面剔打暗装槽，固定好后用水泥砂浆填实周边，安装要求平整，周边均匀，对称平正，不歪斜。

六、绝缘电阻摇测

配电箱全部电器安装完毕后，用500VMΩ表，对线路进行绝缘摇测，摇测包括相线与相线间、相线与零线之间、相线与地线之间，两人进行摇测，照明线路的绝缘电阻值不小于0.5MΩ，动力线路的绝缘电阻值不小于1MΩ，同时做好记录，做好技术资料存档。

七、灯具安装工程

（1）各型灯具：灯具的型号、规格必须符合设计要求和国家标准的规定。灯内配线严禁外露。灯具配件齐全，无机械损伤、变形、油漆剥落，灯罩歪翘等现象。所有灯具应有产品合格证。

（2）灯具导线：照明灯具使用的导线其电压等级不应低于交流500V，其最小线芯截面应符合下表的国标要求。

（3）成排的日光灯中心线偏差超出允许范围。在确定成排灯具的位置时，须拉线，最好拉十字线。

（4）由于本工程主要为机房，因此天棚顶上有众多的风管、风机、管道以及消防设备，灯具的安装可能会受到影响，若遇阻拦，可将成排或成列的灯具做适当调整；若实在无法调整，则需做角钢门字架跨过设备位置再进行灯具的吊装。

A.7 给排水工程

一、管道安装

1. 验收标准及方法

执行《建筑给排水及采暖工程质量施工验收规范》GB50242—2002 及《建筑工程施工质量验收统一标准》GB50300—2001。

2. 给水管道安装工艺流程

施工准备→管道支、吊架预制、安装→分支管道、接口安装→试压冲洗→系统调试。

3. 排水管道安装工艺流程

施工准备→管道支、吊架预制、安装→支管道联接安装→卫生洁具安装→排水管道通水、灌水试验。

4. 管道安装、支吊架制作及安装

（1）管道安装前应清除配管的毛刺、灰尘等杂物。

（2）各楼层平面的管道可进行预组合安装。

（3）管道穿越墙体或楼板、顶板等，应加设套管，套管直径大约管道直径的两个规格，所有套管穿越地面安装，须伸延至地面装修面最小 15mm 处。

（4）管道支架安装必须符合施工规范规定，构造正确，埋设平整牢固，支架安装应排列整齐，支架与管道安装必须接触紧密，管道支承、支吊架制作安装所有的配管、配件、阀、接口等须有足够支承及支托架。

5. 管道试压、冲洗

管道冲洗应持续进行，当出口处的水透明度与入口处基本一致时，冲洗方可结束，冲洗时应有有效的排水措施。

二、卫生洁具安装

（1）所有与卫生洁具连接的管道压力、闭水试验已完毕，蹲便器的安装应待装饰做完防水层及保护层后配合装饰施工，其他卫生洁具应在室内装修基本完成后进行安装。

（2）工艺流程：安装准备→卫生洁具及配件检验→卫生洁具安装→卫生洁具配件预装→卫生洁具稳装→洁具与墙、地缝处理卫生洁具外观检查→通水试验。

（3）卫生洁具在稳装前应进行检查、清洗，不得有裂缝、破坏现象，配件与洁具配套。安装洁具前，须严格控制好平面尺寸标高，洁具的固定应用 M6×100 膨胀螺栓固定。